"十四五"国家重点出版物出版规划项目
工业信息安全与发展系列丛书

科技安全
战略实践与展望

国家工业信息安全发展研究中心　组编

宋艳飞　等著

电子工业出版社
Publishing House of Electronics Industry
北京·BEIJING

内容简介

科技安全是国家安全体系的重要组成部分，科技创新是保障国家安全的战略支撑。本书梳理分析了科技安全演进脉络，明确了科技安全的内涵、外延及分类体系框架方法，阐述了科技安全演进历程与特点，研究了主要国家和地区的科技安全体系架构、工具方法和实践特点，并提出了科技安全保障举措与发展路径，最后对全球科技安全体系构建进行展望。

本书面向社会普及世界科技安全形势，介绍未来科技竞争策略，希望对相关领域的政府决策、干部培训、企业投资、学者研究等有所启迪。

未经许可，不得以任何方式复制或抄袭本书之部分或全部内容。
版权所有，侵权必究。

图书在版编目（CIP）数据

科技安全：战略实践与展望 / 国家工业信息安全发展研究中心组编；宋艳飞等著. -- 北京：电子工业出版社，2024. 5. --（工业信息安全与发展系列丛书）.
ISBN 978-7-121-48062-1

Ⅰ. G301；D035

中国国家版本馆 CIP 数据核字第 2024LR9015 号

责任编辑：满美希
印　　刷：三河市鑫金马印装有限公司
装　　订：三河市鑫金马印装有限公司
出版发行：电子工业出版社
　　　　　北京市海淀区万寿路 173 信箱　邮编：100036
开　　本：720×1000　1/16　印张：17.5　字数：336 千字
版　　次：2024 年 5 月第 1 版
印　　次：2024 年 5 月第 1 次印刷
定　　价：88.00 元

凡所购买电子工业出版社图书有缺损问题，请向购买书店调换。若书店售缺，请与本社发行部联系，联系及邮购电话：(010) 88254888，88258888。
质量投诉请发邮件至 zlts@phei.com.cn，盗版侵权举报请发邮件至 dbqq@phei.com.cn。
本书咨询联系方式：manmx@phei.com.cn。

推荐序

科学技术是推动人类社会进步和经济发展的重要动力,是高质量发展的关键所在,是发展新质生产力的核心要素。进入 21 世纪以来,全球科技创新空前活跃,科技发展呈现多点突破、交叉融合的态势,成为影响国家竞争力和世界格局的关键因素,但也给科技安全带来挑战。一方面,大数据、人工智能、生命科学等新兴技术带来了诸如隐私保护、网络攻击、科技伦理等新的原生风险;另一方面,近年来,世界经济增长动能不足,国际环境复杂严峻,地缘政治冲突频发,国家间科技竞争日趋加剧,技术封锁、出口管制、脱钩断链等风险不断加大,对相关国家造成直接安全威胁。因此,美国、德国、中国等高度重视科技安全,均从国家战略层面统筹布局。例如,美国 2022 年发布新版《国家安全战略》,多次强调前沿科技、供应链安全、STEM 人才等在地缘政治竞争中的重要性。德国 2023 年发布的《国家安全战略》明确提出,创新能力、技术水平和数字主权是德国防御力和竞争力的重要来源。中国 2014 年创造性提出总体国家安全观,并从包括科技安全在内的多个方面系统性构建国家安全体系。

科技安全作为国家安全体系的重要组成部分,是在长期发展实践中逐步形成的,其内涵也在发展演进过程中不断丰富和延伸,与不同国家在不同时期面临的经济社会发展阶段、技术应用特点和趋势、政治军事安全形势等因素相关。立足当下，科技安全是形成新质生产力的内在要求，也是统筹高质量发展和高水平安全的重要物质基础和支撑保障，需要下好先手棋，打好主动仗。

一是不断强化科技创新能力。自工业革命开始，人类社会进入现代经济发展阶段，与传统发展方式主要依靠人力和土地等要素投入相比，科技创新活动成为现代经济发展的主要驱动力，更加强调资本、技术、数据等要素投入。世界知识产权组织发布的《2023年全球创新指数报告》排名前30位的国家中，只有中国是中等偏上收入国家，其他29个国家均为高收入国家。为了保持科技对经济社会发展的推动作用，各个国家和组织都在持续加大科研投入和政策支持力度。如欧盟启动了迄今为止世界上最大的跨国研究和创新计划"地平线欧洲（2021—2027）"；韩国则设计了领先科技和创意经济两条路线图，以提供长期的战略指导和政策支持。

二是推动科技自立自强。实现科技自立自强是维护国家安全、经济独立和文化自信的重要保障，是国家实现长远发展的战略支撑，需要从构建创新体系、形成创新网络、培育创新人才、促进成果转化等多方面发力。实现科技自立自强是一个长期而复杂的过程，具体实践中还应从各国国情出发选择战略重点。例如，2024年2月，美国白宫科技政策办公室（OSTP）发布新版《关键和新兴技术清单》，明确将人工智能、能源、量子信息科学等作为发展重点。同时，在追求科技自立自强过程中，既要重视从技术路线、市场竞争、地缘政治等方面防范和化解各类风险，也要注意保持开放的创新环境，确保科技创新的活力和多样性。

三是做好科技风险治理。新一轮科技革命加速演进，衍生出诸如新技术自身存在的原生风险、关键核心技术受制于人的外部风险以及科学实验和技术应用带来的伦理风险等系列科技安全风险。这些风险如未得到有效治理，则可能对产业转型、经济发展、社会稳定等带来严重负面影响，并进一步对国家安全构成威胁。因此，在推进科技创新发展的同时，还要通过建立健全法律法规、制定科技研发和利用伦理规范、鼓励政产学研用多方参与、加强国际交流合作等举措做好科技风险治理，共同应对全球性的科技风险。例如，在人工智能快速发展的背景下，中国于2023年10月发布《全球人工智能治理倡议》，系统性提出人工智能治理的中国方案。

加快建立科技安全理论体系，有效开展科技风险治理实践，已成为政府、产业和学术等各界共同关心的研究议题。《科技安全：战略实践与展望》对全球化背景下构建科技安全体系做出了有益的探索，非常契合当前国家安全在科技领域面临的复杂严峻形势，既满足新时代全面准确把握科技安全的现实需要，又符合深入贯彻落实总体国家安全观的客观要求。该书基于科技安全的演变历程，对科技安全的概念进行了定义，从科技创新、科技自立、风险治理三个方面解读了科技安全的内涵，从战略高度审视了科技安全的重要性，比较系统地梳理了世界主要国家和组织科技安全政策体系和实施工具，提出了系统推进科技安全发展路径。这些内容对于政策制定者、科研工作者、企业管理者乃至普通读者，都具有重要的参考价值。

2024年是中华人民共和国成立75周年，是实现"十四五"规划目标任务的关键一年，也是全面落实全国新型工业化推进大会部署的重要一年。2024年政府工作报告要求，大力推进现代化产业体系建设，加快发展新质生产力。充分发挥创新主导作用，以科技创新推动产业创新，加快推进新型工业化，提高全要素生产率，不断塑造发展新动能新优势，促进社会生产力实现新的跃升。值此之际，我相信该书的出版将为读者带来新颖的观点、深入的分析和丰富的案例，使他们能够更全面地理解当前科技安全的发展形势、机遇和挑战，共同为加快构建国家安全体系，深入推进国家治理体系和治理能力现代化，谱写新时代中国特色社会主义更加绚丽华章作出贡献和力量。

是为序。

中国科学院院士 尹浩

专家推荐

科技安全是形成新质生产力、构建现代产业体系、实现高质量发展的内在要求。以人工智能为代表的新兴技术以极强的渗透性、扩散性和颠覆性，深刻改变着生产、生活和社会治理方式，成为引领高质量发展和提升综合实力的最大变量，但与此同时也带来了科技伦理挑战、技术谬用和滥用、网络和数据安全等诸多风险和问题。《科技安全：战略实践与展望》一书解构了科技安全的内涵要义，分析了典型国家和组织维护科技安全的实践案例，提出了科技安全体系建设路径和策略，对于统筹推动高质量发展和高水平安全良性互动、促进科技创新和产业创新深度融合、加快推进新型工业化和发展新质生产力具有很好的理论意义和实践价值。

蒋艳

国家工业信息安全发展研究中心主任、党委副书记、正高级工程师

科技竞争成为大国竞争的焦点，国际科技格局版图正在重塑。西方发

达国家通过联合行动对后发国家实施出口管制、投资安全审查等"组合式"限制措施，以保持其竞争优势地位。《科技安全：战略实践与展望》一书选题匠心独运，深刻揭示了科技安全的紧迫性与重要性。该书全面剖析了科技安全的发展形势、影响因素及创新发展过程和趋势，深入研究了多国科技安全保障机制，提出了切实可行的科技安全发展路径。该书内容丰富、结构清晰，是了解和研究科技安全的重要参考书籍，值得一读。

任福君

北京科技大学科技与文明研究中心主任、中国高技术产业发展促进会副理事长、中国科技新闻学会副理事长、二级教授

科学技术从来没有像今天这样深刻影响着人类社会的走向。维护科技安全已经成为时代命题，关乎中国式现代化建设的战略全局。《科技安全：战略实践与展望》以总体国家安全观为指引，站在中华民族伟大复兴战略全局和世界百年未有之大变局这"两个大局"，以及新发展格局和大安全格局"两个格局"的高度，深刻分析了科技安全内涵要义、影响因素、政策工具，阐明了其重大意义及发展走向，分析了主要国家和组织维护科技安全的探索，使读者从科技安全的角度提高对国家安全的认识，启人深思。相信本书的出版一定会促进全社会进一步提高对国家安全，尤其是科技安全的认识，从而对相关工作的推进带来积极的影响。

张力

中国现代国际关系研究院原副院长、研究员

新一轮科技革命和产业变革正在重构全球创新版图，重塑全球产业格局。高水平科技自立自强是发展新质生产力的内在要求。我们既要抓住机遇，推动原始创新，努力实现关键核心技术的自主性创新和颠覆性突破；又要切实构建自主可控、安全可靠、竞争力强的科技产业体系。《科技安全：

战略实践与展望》一书的出版，对于我们更好地落实总体国家安全观，把握新的机遇，实现发展与安全并重提供了重要的研究参考和政策依循。

刘九如

工业和信息化部电子信息科学技术委员会常委兼战略总体组副组长

科技安全已成为总体国家安全观的重要组成部分，但其内涵和外延正在不断发展演变。特别是近年来，随着一些西方国家对我国实施科技封锁和"脱钩断链"，科技安全被赋予了更加深刻的战略意义。为此，迫切需要建立一个在全球博弈背景下的科技安全理论体系，既要实现科技自立自强、打破封锁，又要深化科技的开放合作，融入全球创新网络。《科技安全：战略实践与展望》在这方面做出了可贵的探索，具有深远的理论与实践意义。

左晓栋

中国科学技术大学公共事务学院、网络空间安全学院教授

科技自立自强是国家强盛之基、安全之要。科技安全是统筹高质量发展和高水平安全的基础性战略性支撑。在新的国际形势下，世界主要国家均把提升科技安全体系和能力的现代化水平作为维护国家安全的重大战略。《科技安全：战略实践与展望》坚持全球视野，聚焦战略实践，对科技安全进行了较为系统的理论探讨与实践总结，兼顾专业性与可读性，对关注科技安全与国家安全的读者、管理者，研究科技安全与国家安全的专业人士，都具有较为重要的参考价值。

万劲波

中国科学院科技战略咨询研究院研究员

科技安全是新时代维护和塑造国家安全的必然选择，也为维护和塑造国家安全提供强大的科技支撑。《科技安全：战略实践与展望》一书，在全

球安全格局发生深刻变化和大国博弈复杂化加剧的现实背景下,系统阐释了科技安全的概念、影响因素和典型事件,深刻提炼了应对科技安全挑战的框架和思路。本书内容丰富、分析深入、论证有力,系统性强,既有对国内外形势的分析研判,又有务实的对策建议。从内容的广度、分析的深度和策略建议的针对性等方面来看,本书是科技安全领域的一本力著,值得推荐阅读。

范 英
北京航空航天大学经济管理学院院长、二级教授

科技的每一次重大进步都深刻地影响着人们的生活方式,也带来了新的安全挑战。就像 ChatGPT 的出现,迅速拉近了通用人工智能与人类生活的距离。与此同时,越来越多的国家和组织发布了人工智能发展原则和治理准则,以规范技术发展与应用。加快建立科技安全理论与实践体系,有效进行科技风险治理,已成为政府和学术界共同关心的课题。《科技安全:战略实践与展望》一书运用大量经典案例,从全球视野多维度讲述了科技风险治理的方法和路径,语言通俗易懂,理论与实践兼备,相信本书能给从事科技安全研究工作的读者们带来启发和思考,值得一读。

黄萱菁
复旦大学计算机学院教授

科技安全是总体国家安全观涵盖的重要领域之一,是支撑国家安全的重要力量和基础,也是提升国家安全能力的基本保证。近年来,一方面,发达国家利用其科技优势,对发展中国家屡屡设限;另一方面,后发国家科技创新能力快速提升,西方发达国家高附加值的高科技产业面临严峻挑战。俄乌冲突、巴以冲突陆续爆发,美西方国家"新冷战思维"不断强化,"长臂管辖"愈发频繁,管制程度更趋严格,以期保持其在国际上的长期科

技领先地位。《科技安全:战略实践与展望》运用大量案例,介绍了典型国家和组织对科技安全政策工具的实践应用,由表及里、深入浅出,发人深省。书中很多观点和理念对于理解当前国际科技竞争格局以及如何构建科技安全体系都具有非常重要的价值。

陈波
中央财经大学经济学院教授

前言

当前,世界百年未有之大变局加速演进,世界之变、时代之变、历史之变正以前所未有的方式展开。逆全球化思潮抬头,全球供应链面临割裂风险,世界经济复苏乏力,局部冲突和动荡频发,全球性问题加剧,外部环境的复杂性、不确定性上升,世界进入新的动荡变革期。然而,全球科技创新进入空前密集活跃时期。一方面,新一轮科技革命和产业变革正在重构全球创新版图、重塑全球产业结构,科技领域处在大国竞争、大国交锋、大国博弈、技术角逐的最前沿,围绕科技制高点的竞争空前激烈。另一方面,人工智能、大数据、物联网、基因编辑等科技领域交叉融合不断加深,科技创新的渗透性、扩散性、颠覆性特点愈发显著,其引发的网络安全、隐私保护、科技伦理等方面的科技安全风险也日益突出。欧盟、美国、英国、日本等主要国家和组织将科技安全提升至国家战略高度,将其作为国家安全的重要组成部分,从国家层面统筹部署、系统推进,力求在全球范围内保持竞争优势。

近年来,中国科技实力逐渐增强,正在从量的积累迈向质的飞跃,但是科技基础较为薄弱,原始创新能力不强,加上中美战略博弈加剧,关键核心技术还受制于人。科技安全风险凸显,特别是关乎产业体系自主可控、安全可靠的关键科技领域安全。中国将科技安全提升至国家战略高度，不断构筑完善的科技安全体系。2014年4月，习近平总书记在中央国家安全委员会第一次会议上提出"既重视传统安全，又重视非传统安全，构建集政治安全、国土安全、军事安全、经济安全、文化安全、社会安全、科技安全、信息安全、生态安全、资源安全、核安全等于一体的国家安全体系"，首次明确科技安全是国家安全体系重要领域之一。2019年10月，中国共产党第十九届中央委员会第四次全体会议通过的《中共中央关于坚持和完善中国特色社会主义制度、推进国家治理体系和治理能力现代化若干重大问题的决定》提出"以人民安全为宗旨，以政治安全为根本，以经济安全为基础，以军事、科技、文化、社会安全为保障，健全国家安全体系，增强国家安全能力"。2022年4月，中共中央宣传部、中央国家安全委员会办公室组织编写的《总体国家安全观学习纲要》提出要坚持统筹推进包括科技安全在内的16个领域安全。2023年2月，习近平总书记在中共中央政治局第三次集体学习时强调，"我们要敢于斗争、善于斗争，努力增进国际科技界开放、信任、合作，以更多重大原始创新和关键核心技术突破为人类文明进步作出新的更大贡献，并有效维护我国的科技安全利益"。

科技安全是构建现代化产业体系、形成新质生产力和新质战斗力、实现高水平科技自立自强的内在要求，也是统筹高质量发展和高水平安全的重要支撑保障，在维护国家安全中的地位和作用日益凸显。在新安全格局下，科技安全作为国家安全的重要组成部分，对国家稳定和发展起到关键作用。如何全面、完整、准确理解科技安全？怎么更好构建科技安全战略、政策和工具体系？面对日益严峻的科技安全形势，世界主要国家和组织采取了哪些措施，形成了哪些借鉴意义？未来，科技安全发展趋势有哪些特点，科技安全体系建设路径和策略又有什么？为了探究这些问题，我们编写了《科技安全：战略实践与展望》一书。

本书共三篇十章，具体内容如下。

第一篇为总论篇，包含两章内容。第一章解构了科技安全的内涵要义，阐释了以科技安全保障国家安全的需求演进和科技自身安全发展逻辑，梳理了科技安全风险类型、影响因素和保障科技安全的主要工具。第二章分析研判了科技安全形势与发展态势，梳理了当前科技安全面临的机遇与挑战，研究了科技安全多元化、创新性融合发展特征。

第二篇为国际篇，包含七章内容，分别梳理欧盟、美国、英国、以色列、印度、日本、韩国等主要国家和组织保障科技安全的组织架构、政策体系、工具方法和典型实践等内容。在这些国家和组织里，有集中多个国家资源、统筹发展的欧盟，有利用"科技领先优势"对后发国家进行打压的美国，有聚焦打造具有竞争力的科技安全核心能力体系的英国，有以"金融+创新"科技发展模式闻名世界的以色列，有通过国家开放实现科技水平快速提升的印度，有在科技领跑中寻求新未来的日本，还有正在通过创新构建竞争优势的韩国。

第三篇为展望篇，在新安全格局下，从自主创新、风险治理、开放合作三个维度，探究科技安全未来发展趋势，提出科技安全发展路径和策略，旨在推进科技创新和产业创新深度融合发展，提升支撑保障国家安全和能力现代化的水平。

本书注重理论与实践相结合，深入剖析科技安全的内涵要义、影响因素、工具方法、国际实践，力求做到内容全面翔实、案例丰富。我们希望本书能成为广大读者了解科技安全、研究科技安全的重要参考书籍，也希望为相关部门开展科技安全工作、推进科技创新和产业创新的深度融合提供有益参考，为推动科技安全发展作出贡献。

本书成稿离不开王睿哲、种国双、王冲华、张洁雪、姬晴晴、孙佳琪、余果、曲海阔、刘浩波等编写组成员的倾力奉献，离不开冯园园、刘永东、樊伟等的辛勤付出，离不开大量业界专家的支持帮助，在此一并表示感谢。

由于科技安全属于前沿领域，编写组尽管数易其稿，书中观点和内容难免有不妥之处，敬请批评指正，不胜感谢。

著　者

2024 年 5 月

目录

总论篇

01 第1章 解构科技安全

1.1 缘起由来：多种因素复杂交织演进 　　　　002

1.2 内涵要义：创新、自立和治理融合 　　　　009

1.3 风险类型：技术、伦理与应用安全风险并存 　　　　014

1.4 影响因素：科技环境、实力与治理因素共生 　　　　015

1.5 政策工具：发展、保护与治理工具组合运用 　　　　017

02 第2章 洞察发展大势

2.1 加速冲击国际秩序和国家安全 　　　　019

2.2 呈现多元化、创新性融合发展 　　　　023

2.3 聚焦掌控科技自主权和主导权 　　　　026

国际篇

03
第3章 欧盟战略实践：开放与自主
3.1 搭建自上而下、横纵协同的组织架构　　030
3.2 优化完善合作、竞争边界的政策体系　　034
3.3 打造顶层牵引、多措并举的工具方法　　047
3.4 典型国家战略实践　　061

04
第4章 美国战略实践：强势与领先
4.1 构建协同合作、与时俱进的组织架构　　075
4.2 搭建系统完善、平衡兼顾的政策体系　　080
4.3 打造组合协同、区域联动的工具方法　　091

05
第5章 英国战略实践：重塑与引领
5.1 构建敏捷柔性、高效协同的组织架构　　113
5.2 优化前沿引领、战略联动的政策体系　　120
5.3 打造协同联动、自主可控的工具方法　　129

06
第6章 以色列战略实践：开创与破局
6.1 构建关键主体、多线协同的组织架构　　147
6.2 优化覆盖多元、量质齐升的政策体系　　153
6.3 打造创新驱动、治理导向的工具方法　　157

07
第7章 印度战略实践：保护与崛起
- 7.1 组建统筹协同、各司其职的组织架构　　170
- 7.2 建构兼顾安全、促进发展的政策体系　　174
- 7.3 打造借鸡生蛋、以我为主的工具方法　　178

08
第8章 日本战略实践：竞争与领跑
- 8.1 构建集中决策、政研联动的组织架构　　200
- 8.2 优化动态调整、鼓励创新的政策体系　　203
- 8.3 打造开放合作、独立自主的工具方法　　208

09
第9章 韩国战略实践：跟随与创新
- 9.1 构建战略统筹、自主灵活的组织架构　　226
- 9.2 优化目标统一、分层分类的政策体系　　229
- 9.3 打造开放共享、规范治理的工具方法　　231

展望篇

10
第10章 大变局下科技安全发展展望
- 10.1 以关键技术自主化为核心推进科技自立自强　　245
- 10.2 以治理能力现代化为目标提升科技安全保障水平　　248
- 10.3 以交流合作国际化为纽带强化科技共享共治　　250

参考文献　　253

总论篇

　　新一轮科技革命和产业变革深入推进，产业结构和分工布局深度调整，国际形势不确定性加剧，这些都深刻影响着人类文明演进和全球治理体系塑造。科技安全作为国家安全的重要组成部分，与其他领域的安全协调联动互促发展，成为扎实推进国家安全体系和能力现代化、国际秩序重构的关键。科技创新催生新产业、新业态、新模式、新动能，是发展新质生产力的核心要素。高水平科技自立自强是形成新质生产力和新质战斗力、促进经济高质量发展、支撑保障国家安全的坚实物质技术基础。总体上看，科技安全面临的战略机遇大于风险挑战，但新风险挑战的复杂性和不确定性增加，科技竞争也成为大国竞争和博弈的主战场，科技安全体系建设成为重要议题。科技安全的内涵要义正发生着深刻变化，涉及创新发展、科技自立和风险治理，受科技环境、科技实力、科技治理等多种因素影响。为保障科技安全，主要国家和地区不断丰富政策工具种类和使用方式。

第 1 章
解构科技安全

科技安全涉及领域广、影响因素多、辐射范围大，随着科技创新的不断发展和应用，以及国际秩序的演变，科技安全也在不断演进和发展。本章主要阐述了科技安全的缘起由来、内涵要义，分析了科技安全的影响因素及其关系，归纳了维护和保障科技安全的政策工具。

1.1 缘起由来：多种因素复杂交织演进

目前，科技安全尚没有统一的定义，其内涵经历了多种影响因素共同作用的复杂演进过程。政策法规变革、组织变革、文化重塑、需求变化和技术发展等多种影响因素共同推动科技安全的演进与发展。

1.1.1 社会需求：从保障贸易升级为保障国家利益

第一阶段：以贸易摩擦为重点的意识萌芽阶段

1785年，瓦特改良的蒸汽机在纺织部门应用。蒸汽动力驱动的交通工具和生产设备加速了世界经济的联系，也加剧了国际贸易竞争。随着各国对先进生产技术、高水平科学家、熟练技术工人的争夺愈演愈烈，科技安全意识也应运而生。

为了增强对科技人才、科技成果等资源的吸引力，英国、法国、德国等在高等教育、实验室建设、产业化等领域不断创新。1794年，法国成立了世界上第一所集近代科学、技术、工学为一体的高等教育机构——巴黎综合理工学院（创立时校名为"中央公共工程学院"）。19世纪后半叶，德国推行了全面的教育改革，将研究业绩纳入对大学教授的评价标准，以期强化科研产出水平。1825年，李比希在德国吉森大学创立了世界上第一个集研究、教育和实践于一体的化学实验室，培养出一大批优秀的化学人才，孕育出著名的李比希学派。1871年，时任剑桥大学校长的卡文迪许捐款设立了近代科学史上第一个社会化和专业化的科学实验室——卡文迪许实验室。德国将科学研究与化学、电气、精密仪器等尖端科技领域的产业活动充分结合，取得了显著成果。

在这个阶段，各国维护科技安全的手段相对单一，以控制关键设备和零部件、设计图纸以及技术工人流动为主。如英国立法禁止纺织、机器制造、煤铁冶炼等领域的技术出口，严禁相关领域的工匠、技术人员移民他国。1793年，美国发布的《专利法》明确规定专利的授予对象只能是美国人，由此吸引国外技术人员携带技术移民美国。

第二阶段：以科技实力为重点的科技竞争阶段

1914 年，第一次世界大战爆发，协约国无法继续从德国进口精密机械、医药、染料等先进工业品，无论是军事领域还是经济社会和国民生活都受到了巨大影响。在这种情况下，世界各国逐渐重视科技安全，开始以摆脱对其他国家科学技术和工业品的依赖为目标，积极建设政产学研用合作的机构和制度，以期不断提升本国的科技实力。

设立国家级的科研管理机构和大型研究组织是这一阶段的重要特征。如英国成立了科学与工业研究部（Department of Scientific and Industrial Research，DSIR），美国成立了国家研究委员会（National Research Council，NRC）、日本成立了理化学研究所等。第二次世界大战之后，在东西方冷战背景下，1957 年，苏联成功发射了世界首枚进入地球轨道的人造卫星"伴侣号"，震撼了整个西方。为了整合全国资源，推进科技创新，美国设立了总统科学顾问及总统科学顾问委员会，并于 1958 年成立了国家宇航局（NASA）和国防部高级研究计划局（DARPA），进一步加大对宇宙、航空、电子学的研究和投入。

随着冷战和美日贸易摩擦的深入，传统工具不断深化、新型工具层出不穷。出口管制这一传统工具，呈现由多个国家形成的国际组织联合实施管制的新形态。1949 年 11 月，美国、英国、法国、德国等 17 个国家，在巴黎成立了输出管制统筹委员会，对 30 余个社会主义国家和民族主义国家实施出口管制，禁止成员国向此类国家出口战略物资和高技术。此外，美国在与日本等国家的贸易摩擦中，不断丰富维护其国家科技安全的工具箱。最著名的就是 1974 年发布的《贸易法》301 条款。根据该条款，当美国认为其他国家的贸易做法"不合理"或者"不公平"时，可以同相应国家进行交涉。如果交涉并没有取得预期成效，则美国政府可采取提高关税、限制进口等报复性措施。

第三阶段：以体系安全为重点的突围发展阶段

20世纪中叶以来，生命、信息、能源、材料等领域涌现了一批重大创新成果。20世纪末，随着新一代信息技术的快速发展，科技安全的内涵要义和发展趋势与过去200年相比发生了根本性转变。国家之间的科技竞争愈演愈烈，尤其是中国、印度等后发国家科学技术的迅速崛起，使得美国等发达国家对于本国的未来竞争力产生了强烈的危机感。科技风险治理问题越发增多，全球气候变暖、食物安全、环境保护、太空垃圾、数据安全等伴随着科技创新产生的问题对国家经济安全和军事安全的影响越发明显。在此背景下，科技竞争成为国家体系化竞争的重要组成部分，各国开始调整本国的科技战略政策和制度机制。

各国纷纷把科技创新作为经济发展的重要驱动力。我国提出了"科学技术是第一生产力"的重要论断，提出了"经济建设必须依靠科学技术、科学技术工作必须面向经济建设"的战略方针。英国发布了《我们的竞争：建设知识型经济》，提出了全面建设"知识驱动型经济"（Knowledge-Driven Economy）政策。日本发布的《科学技术基本法》，以法律形式确立了"科学技术创造立国"的战略方针。越来越多的国家将科技安全纳入国家安全的重要组成部分统筹推进。如美国2022年发布的新版《国家安全战略》，多次强调了前沿科技、供应链安全、科学技术工程和数学（STEM）人才等在地缘政治竞争中的重要性。德国发布的《国家安全战略》则明确提出，创新能力、技术水平和数字主权是德国防御力和竞争力的重要来源。

2008年的国际金融危机爆发后，美国等西方发达国家经济实力相对下降，世界经济格局发生重大变化，国家之间科技竞争不断升级，经济制裁、投资审查、实体清单等政策工具也在不断进化。如美国通过"长臂管辖"

不断打击美跨国企业的国际竞争对手。2013年起,美国以涉嫌商业贿赂为由逮捕了法国工业巨头阿尔斯通集团多名管理层员工,并对阿尔斯通集团开出了创纪录的7.72亿美元巨额罚单,最终导致阿尔斯通集团将其能源业务出售给了竞争对手通用电气公司。2016年,美国指责我国中兴通讯公司违反其出口限制法规,并将其列入"实体清单"进行制裁。2018年,我国华为公司高管孟晚舟在加拿大被捕,随后美国以"银行欺诈"等罪名对其进行了起诉并要求引渡,并对华为公司开展了多轮制裁。除了美国,欧盟、日本、韩国等国家和组织也出台了"实体清单"等一系列的政策工具,以维护其在科技创新领域的领先地位。

1.1.2 发展演进:从技术安全拓展为创新体系安全

科技安全事关多个领域,其内涵涉及科技自身安全与科技支撑保障相关领域安全,涵盖科技人才、设施设备、科技活动、科技成果、应用安全等多个方面。目前,科技安全尚无统一概念,不同国家、不同领域的专家学者对其理解不同,科技安全的定义随着科技发展、国际秩序的进程而不断演变。

1. 国际方面

随着科学技术的发展和全球化的推进,科技安全不仅关乎个人和企业的利益,也关系到国家安全和国际关系。在这个进程中,不同国家和地区根据自身的需要和环境变化,制定了各自的科技安全战略政策和保障措施,也在国际层面开展合作和协调,以应对跨国家、跨地区、跨领域的安全威胁,在此过程中,他们对科技安全的认知也在不断变化。

目前,在查阅外文文献的过程中尚未发现"科技安全"及其类似概念的提及，大部分文献主要探讨国家安全、科技政策以及知识产权等相关内容。例如，1996 年 Gibbons J H 讨论了科学技术在国家安全中的作用，其中包括科技进步如何影响国家防御能力、情报收集以及战略决策等方面。尽管外文文献未直接涉及"科技安全"，但因科学技术所发挥的作用与国家安全间的复杂关系，这一议题一直以来受到世界各国的高度关注。

从各国政府的政策角度分析，美国政府主要关注国家关键基础设施、科技创新、科技竞争力等方面。特朗普政府关注科学技术发展与安全，并逐步从国家安全、军事安全的角度出发，转向"战略竞争"；拜登政府的政策总体上更加注重美国基础创新能力的提升和创新环境的优化，聚焦解决国内重大民生问题带来的挑战，强调美国长久的全球科技主导地位，在科技战略方面仍将以"竞争"为主线，将"技术"作为竞争的核心，将"供应链"作为竞争的关键突破口。近年来，欧盟为捍卫其核心战略利益以及整体安全，在推动技术主权、防范科技风险方面也采取了一系列措施。2020 年，欧盟颁布了《欧盟新安全联盟战略》（2020—2025），明确将捍卫网络安全、数字技术、关键基础设施及技术、生物技术等领域的科技安全作为欧盟整体安全战略的重要组成部分。日本政府在科技安全方面重点关注如何提高国家的防卫能力和安全水平，推动科技创新和自主研发能力等。通过制定科技基本计划和防卫技术指南等政策，加强了对新技术的研发和应用，以提高国家的防卫能力和安全水平。

科技安全国际演进历程反映了技术发展的步伐和全球政治经济格局的变化。从早期的贸易摩擦到科技竞争、风险治理，再到如今的科技安全，这不仅是对新技术挑战的应对，也是全球合作与冲突的重要方面。随着技术的不断进步和全球化加深，科技安全将继续成为大国博弈、科技竞争、国家安全等政策和战略的关键问题。

2. 国内方面

国内视角下科技安全概念及定义的衍生之路可追溯至 20 世纪末。随着信息技术的迅速发展和互联网的普及，中国开始加强对科技安全的关注和投入。1998 年，连燕华、马维野等首次强调了科技安全的重要性，认为科技安全就是使科技实力、科技资源、技术基础、国际关系以及预警与防范系统等五个方面都处于一种良好状态。此后，马维野在分析科技安全的内涵和外延的基础上，提出了狭义的科技安全是立足于科学技术系统自身的安全性，而广义的科技安全作用于其他相关系统之间，对国家安全起到保障作用；张家年、马费成对科技安全影响因素重新进行分类整合，认为科技安全的内涵主要包括国家的科技战略安全、科技发展安全、科技应用安全、科技竞争安全、科技合作与交流安全、科技成果与人才安全、科技应用与设施安全等，提出衡量科技安全的核心要素包括完整性、自主性、系统性、抗逆性及竞争力等方面；沈志宇等分别从科学技术的层次和科技领域进行划分，将科技安全分为基础科学安全、应用科学安全、信息安全、核安全和生物安全等；孙德梅等从科技环境、科技活动、安全能力、政策法规、科技实力、科技体制、科技安全等维度构建了科技安全影响机理模型。

在国家安全体系发展的早期阶段，科技安全更多和国土安全、军事安全等传统安全领域相联系，主要目标是保障国家主权和领土完整；在国家安全体系发展的现阶段，科技安全则更多在信息、生态、人工智能、数据等非传统安全领域发挥支撑保障作用，最终目的是确保国家利益安全、保障国家经济社会可持续发展。《中华人民共和国国家安全法》第二十四条明确提出，国家加强自主创新能力建设，加快发展自主可控的战略高新技术和重要领域关键核心技术，加强知识产权的运用、保护和科技保密能力建设,保障重大技术和工程的安全。《总体国家安全观干部读本》明确指出,科技安全是指(国家)科技体系完整有效,国家重点领域核心技术自主可控,国家核心利益和安全不受外部科技优势危害,以及保障持续安全状态的能力。中国的科技安全发展历程体现了从初步认识、意识增强到全面深化的发展过程。随着科技的不断发展,维护和保障科技安全成为推进中国高质量发展的关键。

当前,国内外对科技安全的理解存在差异,科技安全的内涵、分类方式繁多,这不利于系统梳理和分析国家或组织的科技安全状况,也难以全面了解科技安全情况,以及进行关键要素的监测预警、风险应对和防范。

1.2　内涵要义:创新、自立和治理融合

本书在前人研究成果的基础上,以科技自身安全与支撑保障国家安全为主线,将科技安全定义为"具备保障(国家)相对处于科技创新自主发展、科技发展威胁可控、科技应用安全规范状态的能力,以及能够持续应对危险和内外部威胁的状态"。从内涵要义来看,坚持系统观念,科技安全可概括为创新发展、科技自立、风险治理。为帮助读者全面、完整、准确理解科技安全,本书基于不同角度的影响因素,从科技环境、科技实力、治理措施等三个方面动态阐释了其内涵要义。科技安全在不同的历史阶段面临的主要矛盾和问题不同,这就使得其内涵要义和发展特征处于动态演进之中。

1.2.1　创新发展是支撑科技安全的物质基础

创新发展既是支撑科技安全的物质基础，也是重要支撑。科技创新是推动国家发展的核心驱动力，只有不断推动创新发展，提升国家的科技实力、经济实力和社会稳定性，才能够为维护科技安全乃至国家安全奠定厚实的物质技术基础。与此同时，安全也是发展的条件和保障。只有确保科技安全，才能保证创新发展的顺利进行。

科技环境对于创新发展的引导和刺激效应显著，积极的环境资源支持可为创新发展提供坚实的后盾和保障。营造促进自主创新的科技环境不仅需要政策支持，如研发投入、税收优惠等，还需要一个良好的知识产权保护体系，以鼓励创新者和企业进行长期投资。高素质人才培养措施也是自主创新的关键，高质量的教育体系、人才培养计划以及吸引全球人才的策略也是构建创新型科技环境的重要组成部分。例如，以色列强调科技创新，陆续出台了鼓励创新的一系列政策，采取完善技术转移机制、设立孵化器等相关措施促进科技发展。2023 年，以色列研发领域占 GDP 投入比例约 4.5%，网络安全领域风险投资超过 19 亿美元，显示出强劲的增长势头和市场潜力。

科技实力是影响科技创新发展的核心因素，技术研发与创新水平提升直接影响到一个国家或组织的科技实力。科技实力不仅包括基础研究，还包括将研究成果转化为具体产品和技术的能力，同时，也反映在市场竞争与经济增长要素等方面。自主创新发展对于提高市场竞争力和推动经济增长至关重要，创新的产品和服务有利于开拓市场和提高生产效率。例如，韩国在半导体产业取得了成功，通过自主创新实现了科技实力的飞跃。通过持续的研发投入和政府支持，韩国已成为全球半导体产业的领导者之一。

韩国的三星和SK海力士在2023年全球半导体厂商销售排名中分别占据第二位和第六位。

在科技治理的角度下，政策法规的引导约束对科技创新的建设同样起到了有力的支撑作用。为了促进自主创新，政府需要制定相应的政策和法规，包括激励机制、研发投资引导以及科技项目监管，同时伦理与责任也至关重要。针对科技创新、科技发展等活动可能引发的伦理、价值观和责任问题，政府需出台相关政策，确保研发活动不损害公众利益，保护消费者的权益等。例如，欧盟出台《通用数据保护条例》（General Data Protection Regulation，GDPR），旨在保护个人隐私，促进技术创新。该条例实施后，众多企业调整了数据处理流程，超过90%的欧洲公司更新了数据保护政策，对全球范围内的数据管理和隐私保护产生了深远影响。

1.2.2 科技自立是实现科技安全的必由之路

科技自立是国家强盛之基、安全之要，是实现科技安全的必由之路。随着国际竞争加剧，科技竞争已经成为国家安全竞争的焦点。实现科技自立意味着一个国家在科技创新方面具备了自主研发、自主创新和自主应用的能力，在关键领域和核心技术上掌握主动权，实现自主可控，不再过度依赖或受制于外部技术，从而降低了外部技术制裁、技术封锁等风险，从根本上保障国家的科技安全。科技自立也是推动高质量发展的关键一环，通过不断提升科技创新能力和科技供给质量，为高质量发展注入强大动力。实现科技自立不仅可以保障国家的科技安全，还是推动高质量发展、维护国家安全的重要支撑。着眼于当前复杂的外部环境，为保障科技安全与科技发展，应尽快实现科技自立和自主可控，建立源源不断的内生性力量，提升科技综合实力。

良好的科技环境是保障科技自立自主的关键因素，有助于建立完善的科学创新体系，应对外部科技挑战。为确保科技的自主性和可控性，必须加强对技术风险的识别和管理，包括对新兴技术的安全性监测评估以及制定相关的安全标准和规范，强化技术风险与安全管理。公众参与和对新技术的社会接受度也是科技自立的重要因素，通过公众教育和参与，可以提高社会对科技发展的理解和接受程度。例如，在核能安全管理方面，福岛核事故后，日本重视核能设施的安全标准规范以及事故发生的预防和应对，为核电站安全升级投入超过1万亿日元。

科技实力是科技自立的物质基础，科技自立是科技实力的内在体现，二者相互促进、相互依存。为实现科技自立自主目标，科技实力须衡量科研投入、技术基础、管理能力等多方面因素。科技自主可控不仅关乎技术本身安全，更关乎管理这些技术的能力，包括技术监管、风险应对和技术伦理的考量。在全球化背景下，需要积极开展国际合作，共同应对跨国技术风险挑战；主导国际标准、规则制定，实现科技自主可控。例如，美国政府和私营部门在网络安全领域投入巨额资源以应对日益增长的网络威胁，如设立专门的网络安全机构和研发先进的网络防御技术。

在科技安全的总体框架下，从治理的角度看待科技自立，不难发现监管框架与政策的枢纽作用。有效的科技治理需要灵活且具有前瞻性的监管框架，以适应技术的快速发展。由于科技领域的多样性和复杂性，常常需要跨部门和跨领域开展科技治理的协调与合作，包括政府部门、科研机构、企业以及民间组织的共同参与。科技安全风险治理应当建立集事前预防、事中监测和事后响应于一体的管理体系。在防御阶段对潜在风险的控制和治理是至关重要的，这意味着在技术研发和应用的早期阶段就要开始进行风险评估和管理。科学有效的风险治理依赖于全面的政策法规框架，包括风险评估标准、应对措施的制定以及风险管理的实施。由于科技风险的多维性，需要通过跨界合作和信息共享来有效管理风险，包括但并不局限于国家之间、不同行业和学科之间的合作。例如，在全球范围内，对于遗传编辑技术的治理，不同国家对这一技术的应用制定了不同的规则和指导原则。据统计，全球超过50个国家对人类胚胎的遗传编辑有明确的法律或指导原则。

1.2.3　风险治理是维护科技安全的重要保障

风险治理是维护科技安全的重要保障，对于科技创新发展与科技自立具有直接且深远的影响。科技创新可以为风险治理提供新的手段和方法，提高风险治理的效率和准确性。风险治理的加强也可以为科技创新提供更加稳定和安全的环境，促进科技创新的健康发展。技术风险、网络安全风险、知识产权风险等科技创新衍生的风险与安全问题日益严峻，这些风险如果不加以有效治理，就可能对科技安全造成威胁。作为维护科技安全的重要保障，风险治理包括科技伦理、引导科技向善、规范科技创新行为，以及科技风险评估、防范、化解相关风险应对措施等，为维护经济高质量发展，保障科技自身安全、防范科技安全风险刻不容缓。

持续的技术监测和评估能力是科技实力的关键组成部分，在技术发展的各个阶段能够及时识别、响应和处理风险。科学的科技管理体系应该具备适应性和弹性，能够在面对未知风险时迅速做出调整和应对，这些风险不仅包括技术层面的风险，还包括与技术相关的社会、经济和环境风险。

创新发展、科技自立和风险治理是科技安全的要义，科技环境、科技实力和科技治理是影响科技安全的主要因素和实现科技安全目标的主要途径，这些方面相互依赖、相互影响，共同构成了一个国家或组织的科技安全体系框架。安全有效的科技发展策略需要综合考虑以上这些方面，从而促进可持续、安全且负责任的科技进步。

1.3　风险类型：技术、伦理与应用安全风险并存

科技既是发展的利器，也可能成为风险的源头。新一轮科技革命加速演进，随之衍生出大量的科技安全风险。概括来说，科技安全风险主要涉及技术安全风险、科技伦理风险、应用安全风险等。

技术安全风险主要包括由科技自身存在的缺陷和脆弱性带来的风险，以及科技能力不足导致关键核心技术受制于人的风险。人工智能、工业软件等产品和技术存在各种技术漏洞、后门，一旦被利用，可能导致经济损失、生产停滞、人员伤亡等严重后果。例如，机器学习的主流开源框架TensorFlow被发现存在接口和学习算法方面的漏洞，攻击者可能利用这些漏洞导致应用系统决策失误等问题。此外，芯片、操作系统等关键核心技术受制于人可能带来供应链安全风险，对国家科技安全、经济安全和国防安全造成严重影响。举例来说，2018年初，美国对中兴、华为实施一系列制裁措施，禁止其使用美国技术，包括软件、硬件、操作系统、芯片的生产制造等，企图遏制中国5G技术发展。随着全球科技创新进入密集活跃时期，人工智能、量子计算、生物技术、新能源技术等颠覆性技术的出现正在推动科技发展版图重构，可能会使原有技术路线面临"技术突袭"的挑战。

科技伦理风险是指在开展科技活动中由于未能严格遵循相应的价值理念和行为规范而带来的风险，包括规则冲突、社会风险、伦理挑战等。多个国家和组织也在制定和推行新技术伦理治理方面的政策，以确保其可信性。例如，2022年4月，日本第11届综合创新战略推进会正式通过《人工智能战略2022》，提出要提升人工智能的可信度，确保人工智能的透明

性和可解释性，并计划与友好国家合作，共同制定和推广人工智能技术的伦理规则，以推广日本人工智能技术伦理原则，建立国际合作机制，共同制定国际伦理标准。人工智能、区块链、大数据、基因编辑等新兴技术的快速发展，正改变着人类的生活方式。然而，技术谬用和滥用可能会对社会公共利益和国家安全构成潜在威胁，带来大量法律、伦理和社会治理问题。

应用安全风险主要是指技术在不同领域应用过程中可能出现的安全风险问题。随着科技创新的快速发展和广泛应用，新技术正在深刻影响着人类生产和生活，对收入分配、社会公平、就业形态等方面产生巨大影响。生成式人工智能、比特币、搜索引擎等新技术在带来便利的同时也产生一系列负面效应，造成重大政治、经济、技术和供应链等风险。因此，多个国家和组织正针对新技术应用安全，探索出台应用安全性政策措施。例如，针对生成式人工智能技术应用后可能带来的生成内容安全和系统级漏洞等问题，许多国家已经制定了系统设计、生成内容认证和检测等重点领域的安全性指南、标准、案例和备忘录。

1.4 影响因素：科技环境、实力与治理因素共生

国内科技工作者在科技安全领域从诸多角度对科技安全进行探究，利用实证分析、假设检验、问卷统计等方式开展深入探索，建立了相关机理模型，分析出多种直接影响与间接影响因素。本书在持续探究科技安全影响因素过程中，主要从科技环境、科技实力与科技治理等方面入手，从10个维度对影响科技安全的相关因素进行了归类总结（见表1-1）。

表 1-1 科技安全影响因素

影响因素		评价内容
科技环境	国际政治	评价当前国际政治形势，是否形势稳定促进发展或冲突明显不利于科技发展等
	技术竞争	评价当前技术竞争水平，如国际领先、国内领先等
	科技体制	评价科技体系是否完整有效，是否能为科技发展提供有力支撑或起到促进作用等
	产业水平	评价当前产业整体水平，是否满足经济社会持续发展需求，是否存在供应链风险等
科技实力	创新能力	评价创新技术水平现状，是否自主可控满足供需，是否需引进，是否存在受限风险等
	科技人才	评价科技人才培养与引进体系是否完备，人才结构与评价机制是否完善，是否具备先进科研创新能力等
	科技成果	评价科技成果与技术难度水平、实际应用价值与市场前景情况等，如科技成果丰富、技术难度水平高、实际应用价值高、市场前景广阔等
	技术基础	评价技术基础成熟度、投入占比等，如技术处于高速发展期、成熟度较高、投入占比合理
科技治理	科技伦理	评价科技伦理问题是否影响社会利益、平等公正，是否影响个人自由与权利、影响隐私安全等
	风险应对	评价风险应对措施与监管机制是否完备、是否可以应对当前风险情况

科技安全演变是一个多因素交织的复杂动态过程，涉及技术创新、威胁环境、社会经济需求、国际合作、政策法规及文化意识等多个因素。这些因素相互作用、相互影响，促进科技安全不断前进与演化，共同塑造科技安全的发展轨迹。

技术创新推动科技安全加速进化。随着人工智能、大数据、量子计算、脑机接口等前沿技术爆发式增长，出现许多监管盲区，也带来了新型的安全威胁，同时也催生了防御技术的创新与突破。这种双向动力效应展现了技术发展与安全挑战之间的复杂互动，促进了科技安全加速演化。

威胁环境的转变要求科技安全不断进化。威胁环境从传统的破坏型攻击模式，转变为新型的以经济利益、政治目标甚至国家安全为驱动的复杂攻击模式。外部攻击策略不断变得多样化和复杂化，促使科技安全必须持续进化以应对不断升级的新型威胁环境。

社会经济发展对科技安全的需求日渐增长。随着社会生活与经济活动越来越依赖于网络与信息技术，对个人隐私、商业机密及国家关键基础设施的保护需求急剧上升，推动科技安全向更全面、更高级的发展方向演进。

国际合作与冲突加速了科技安全水平的提升。国际与地区合作对科技安全发展具有重要影响，尤其是交流共享先进科技安全技术与高级发展策略，促进了全球科技安全水平的提高；国际竞争和政治冲突则激励世界各国加快提升自身的科技安全能力。

政策法规的制定与实施加快了科技安全演进进程。政府通过出台相关政策、法律和标准，为科技安全提供规范和指引，通过法律手段强化安全防护的实施效果，促进科技安全不断向纵深规范发展。

树牢科技安全意识提升了科技安全演进速度。国家科技安全意识的强弱决定了社会对科技安全的重视程度，要持续加大科技安全投资，加快技术创新和技术人才培育速度，营造良好的科技安全发展氛围，建立科技安全发展机制，促进科技安全积极发展。

1.5　政策工具：发展、保护与治理工具组合运用

在科技安全发展整体框架之下，本书从推动创新发展、维护科技自立、规范风险治理三个方面，总结实现科技安全建设目标的手段与方法，梳理主要保障科技安全政策工具，主要如下。

推动创新发展：支持提升科技实力、创新能力与供给水平，增强技术产品竞争力，满足经济社会发展与国防建设需求等。此类政策工具主要包括基础设施建设、人才培育、经费投入、社会投资、财税优惠、技术标准

引导等。

维护科技自立：为防止科技安全的核心利益受外部影响，综合考虑科技应用与政治环境，加强对自主核心技术的管理，维护安全供应链与合作关系，防范科技安全风险。此类政策工具主要包括多双边合作机制、知识产权保护、供应链审查、进出口管制、投资审查、实体清单等。

规范风险治理：为保障科技自身安全、应用安全、伦理安全，防范科技安全风险，应加强安全监管与评估、规范科技创新应用、引导科技向善，此类政策工具主要包括安全监管（监测、预警、应急、评估、防范化解措施、质量管理、数据保护）、科技伦理治理、行业自律、应用规范等。

第 2 章
洞察发展大势

21 世纪以来,科技发展进入数字时代,人类生产生活方式和社会治理模式发生了深刻变化。非传统安全问题与传统安全问题相互交织,科技安全在国家安全体系中的地位和作用更加凸显,人们对科技安全的认知不断深化拓展。本章剖析了科技安全的发展形势,提出了当前面临的新风险挑战和新发展机遇,提炼了科技安全发展的新特征和新趋向。

2.1 加速冲击国际秩序和国家安全

在全球化背景下,国际竞争策略对科技安全产生了深刻影响。大国竞争和博弈不仅体现在科技创新方面,更体现在经济和军事领域,对科技安全造成广泛影响。科技安全发展形势迎来新机遇和新挑战,成为制约各国科技发展的最大不确定因素,对国际秩序、国家安全和全球合作产生了深刻影响。科技发展也迎来了新的风险挑战,当前,国际形势经历了前所未有的动荡与变革,地缘政治紧张、民族冲突、恐怖主义威胁等多重因素交织在一起，使得国际秩序和稳定面临严峻挑战。而世界经济复苏动力不强，以技术创新和产业突破引领的新增长点短期难以形成，各国保护主义持续升温，贸易摩擦政治化日益突出，大国博弈日益激进。美国重拾冷战思维，对崛起国家进行打压，采取"脱钩断链""小院高墙"等逆全球化措施，发动贸易战和科技战。

2.1.1 技术风险与治理风险交织叠加

在全球科技竞争激烈和国际形势复杂的背景下，科技安全成为国际格局重塑的"关键变量"，深刻影响着国际力量对比，成为决定国家未来和竞争优势的关键。科技安全面临新风险挑战。

科技安全面临多种风险。一是新技术供应链和应用风险急速增加。新技术未知威胁严峻，人工智能、物联网、5G 等新兴技术带来未知的管理风险和安全威胁。例如，人工智能系统可能被用于更加精准的网络攻击；物联网设备的普遍安全漏洞可能导致广泛的安全事件；网络攻击变得更加复杂和隐蔽，如来自不同国家和组织的高级持续性威胁（APT）、零日攻击等。国家级网络攻击可能针对关键基础设施，如电网、交通控制系统和金融系统。2023 年 6 月，LockBit 勒索软件组织攻击全球最大晶圆代工厂台积电，勒索 7000 万美元，威胁台积电，如果不交付勒索款项，将公开台积电网络接入点、密码和其他机密信息。网络安全风险投资公司 Cybersecurity Ventures 预测，2024 年全球网络犯罪造成损失预计首次突破 10 万亿美元大关。国家间科技竞争的加剧增加了技术供应链的风险，可能导致整个供应链面临潜在的安全威胁，其中包括嵌入恶意软件、安全漏洞等。二是治理风险复杂化和多元化。国家间技术壁垒和技术冷战，不仅阻碍了科技的全球合作与发展，也带来了分裂的技术生态和标准体系。数据安全和隐私泄露问题使得在大数据时代保护数据安全和隐私成为一项重大挑战，在促进数据开放和共享的同时，保护个人隐私和企业敏感信息，是一个亟待解决的重要问题。三是安全意识风险加大。公众意识和教育的不足导致在应对网络威胁、保护数据安全等方面面临风险，尽管科技安全的重要性日益被社会认识，但公众的安全意识和技能往往还不足以应对日益复杂的安全威胁。

实现科技安全面临诸多不确定性。一是现有科技安全优势可能会被颠覆性技术所取代。人工智能、量子计算、生物技术、新能源技术等领域陆续涌现出新理论、新工具、新模式、新变革，如果科技储备和研发能力不足，就可能错失颠覆性技术的发展机会，导致现有技术和产业优势出现"归零效应"，遭受"技术突袭"。二是科技安全机制可能存在滞后性。国家研究机构以分科而治的方式组织，难以适应多学科交叉融合的发展需求，从而难以形成高质量的跨学科研究组织和平台，这可能影响支撑科技安全的原创性研究成果，使得与发达国家拉大科技安全距离的风险增大。三是科技安全治理不断面临新问题。随着人工智能、生命科学等领域的科技创新快速发展和广泛应用，可能对人类生产生活方式产生巨大影响，同时对收入分配、社会公平、就业形态等方面造成巨大冲击，进而可能引发政治、经济和社会治理的风险问题。

维护科技安全面临以下现实风险。一是发展中国家创新能力不足。科技创新是一个从基础研究到应用研究再到技术开发和应用推广的过程，基础研究作为科技创新链的起点和基点，如果存在短板则会在很大程度上制约创新主体的核心竞争力。高端科技人才不足，科技人才政策体系系统性不强，对青年科技人才和基础研究人才的支持不够，无法实现高水平科技自立自强要求。二是发达国家加大了意识形态攻势。科技革命正将国际政治从"地缘政治时代"带向"技术政治时代"。2022年10月，美国白宫发布新版《国家安全战略》报告，宣示将科技视作当前地缘政治竞争的中心。

在"技术政治战略"博弈新阶段,科技领域的意识形态差异已成为国家维护科技安全的重大风险隐患。三是精准"脱钩"挤压科技发展空间。为强化前沿技术领先优势、掌握技术垄断权,发达国家持续加强政府机构组织协调,通过出口管制、投资限制、进口限制、技术交易限制、撤销运营牌照等手段,在科技优势领域实施脱钩断供和封锁制裁。四是合力封锁"朋友圈"盛行。为增强竞争有效性,发达国家正在通过"排他性技术多边主义"框架构建科技封锁"朋友圈"。例如,美国借助"印太经济框架"(IPEF)等多边机制,输出美式数据治理理念,借助美欧贸易与技术委员会(TTC)试图主导5G、人工智能、先进制造及数字金融等领域标准规则和话语权。

科技治理是国家治理体系和治理能力的重要内容,也是当前维护科技安全的迫切需求。在全球格局下,大国科技竞争日益激烈,大数据、云计算、人工智能、区块链、5G等新兴技术加速迭代,产业链供应链安全问题凸显,不断带来国家、社会、经济、军事等安全风险。同时,新兴技术发展带来的科技伦理问题逐渐增多,法律法规的制定往往跟不上科技创新发展的步伐,法律法规一般在行为实践的基础上制定并不断加以完善,具有相对滞后性。一些高科技领域存在法律空白,而传统法律也无法完全适用,还需要依靠提高科技人员的伦理道德素养来规范其行为。因此,加快建设和完善科技创新治理体系,已成为国家和社会的共同问题。

2.1.2 技术融合创新与合作治理加速

在当前国际形势下,科技安全虽然面临诸多挑战,但同时存在不少机遇。国家、企业以及个人需要抓住这些机遇,加大科技投入,推动科技创新,促进科技自立自强,提升安全技术和治理能力,共同营造安全、稳定和繁荣的科技环境。

在创新发展方面。一是科技创新驱动技术发展。激烈的国际竞争促使国家和企业加大对科技研发的投入。人工智能、量子计算、生物技术等新兴技术快速发展，为各国带来前所未有的发展机遇。二是应对安全风险的技术快速涌现。面对日益复杂的安全风险，安全技术和解决方案需求不断增长，为安全技术研究和应用提供了广阔的市场空间，促进了加密技术、入侵检测系统、安全认证机制等的快速发展。三是科技产业加速升级。科技安全促进相关产业快速发展和升级，尤其是在信息安全、数据服务、云计算等领域。这不仅有助于提升国家科技水平和竞争力，也为经济发展注入新动力。通过政策激励，引导企业通过技术创新提升产品竞争力，加快推动产业发展升级。

在风险治理方面。首先，随着科技安全事件的增多和媒体的关注，公众网络安全的意识逐渐提升，有助于构建安全的网络环境，降低或避免安全事件的发生。其次，尽管国家间存在竞争，但在科技安全领域，国际合作仍然是解决共同威胁的必要途径，这促使国家之间在某些关键领域开展合作，如打击跨国网络犯罪、制定国际网络空间行为规范等。最后，科技治理创新。科技安全挑战促使政府在政策和治理上进行创新，加强国内外政策协调、建立更有效的监管机制、推动技术伦理和合规性研究等，有助于构建更加稳定和可持续的科技安全环境。

2.2 呈现多元化、创新性融合发展

科技安全的演进历程受技术发展和社会发展的持续动态变化影响，呈现多元化、创新性融合发展的趋势，反映了技术、政策和社会的变迁。

2.2.1 技术创新加速提升科技安全能力

技术创新是提升科技安全能力的关键点。一是技术赋能融合化。科技安全发展在很大程度上是由技术进步驱动的。新技术的出现带来了新的安全挑战，同时也催生了新的安全解决方案。在科技安全领域需要不断利用最新技术来提高安全防护能力。例如，生成式人工智能技术与网络安全技术的融合相互赋能，有效提升了软硬件网络安全防护水平、提高了网络防御人员的决策效率、优化了第三方检测评估技术和工具，大幅提高了网络安全防护弹性。二是创新驱动机制化。全球科技安全发展强调创新的重要性，将科技创新作为提升国家科技实力的核心，不仅包括技术发明和应用创新，还包括创新管理、创新政策和创新生态建设。三是合作交流国际化。国际合作在应对全球性安全威胁方面至关重要，在全球化科技环境下，安全威胁往往具有跨国界的特性，需要加强国际合作与协同，通过建立国际标准、共享威胁情报、协调法律法规以及开展联合研发和演习等，共同提升全球科技安全水平。

2.2.2 自立自强巩固提升科技安全地位

自立自强是确保科技持续安全的前提条件。一是地位优先化。对于国家来说，科技安全已经从早期的边缘地位上升到了当前国家安全的重要地位。对于企业和个人来说，科技安全是决策和投资的重要考量因素，也是在前期需要优先达成一致的前置条件。二是内涵多元化。科技安全涵盖技术、管理、法律、政策乃至文化等多个维度，是一个跨学科、多方位的综合性体系，要求兼顾技术安全、社会伦理、法律合规性及文化适应性等广泛因素。三是人才多样化。全球科技安全发展越来越重视科技人才培育和引进，通过教育制度改革、优化人才引进政策、提供科技资金和平台等方式，建立培养和吸引高端科技人才机制，支撑国家科技实力稳步提升。四是法规标准体系化。各国政府和国际组织对科技安全重要性的认识不断提高，正加快制定科技安全相关法律、规章和标准，提高全球整体科技安全水平。五是资源整合全球化。随着全球化深入发展，科技资源整合逐渐超越国界限制，全球科技安全发展加速了资金、信息、人才和设施等科技资源全球流动和优化配置，促进了科技实力的快速提升。

2.2.3 风险治理促进提升国际合作水平

风险治理在新阶段呈现多元性特征。一是风险形式复杂化：科技安全威胁已经演变为复杂多样的形式，涵盖了网络空间的高级持续性威胁（APT）、零日攻击和网络间谍活动，以及物理安全威胁、供应链安全问题、数据隐私泄露、智能设备安全漏洞、人工智能安全问题等，同时涉及政治、经济、社会乃至法律伦理等多个维度。二是治理体系多元化：全球科技治理主体日益多元化，不仅包括政府传统角色，还包括私营企业、国际组织、非政府组织、学术机构等。这种多元化的治理结构有助于综合各方视角和资源，形成更为全面和有效的科技安全管理体系。三是监管机制国际化：应对科技发展带来的挑战，需要跨国界的监管机制和合作框架，这种国际化趋势体现全球科技环境中对统一标准和协同治理的需求。科技实力全球竞争加剧，科技治理体系也逐步国际化，包括国际技术标准、协调跨国科技政策和法规，以及建立国际科技安全合作机制等。四是多边合作深入化。国际社会越来越倾向于通过多边合作来应对全球性的科技挑战，如网络安全、数据保护和人工智能伦理等。这种合作不仅包括国家间合作，也涵盖了私营企业、国际组织、学术界和非政府组织等多方合作。

2.3 聚焦掌控科技自主权和主导权

世界各国的科技竞争策略聚焦于掌控技术自主权和主导权，以确保技术供应链安全和应对技术威胁等。各国通过提高本国的技术研发能力，争夺全球技术自主权和主导权，从而增强国家安全保障支撑能力和巩固提升经济地位。国家间的科技竞争促使各国重视技术供应链的韧性和安全，减少对外依赖度和自主技术发展成为许多战略的重点。

2.3.1 技术自主权增强供应链韧性安全

当前全球经济竞争不仅是企业和产业之间的竞争，更是步入了产业链竞争时代，其中构成国家产业安全威胁的主要因素是全球产业链的"断链"或者"卡链"风险。确保产业链不受"卡链""断链"影响，能够抵御外部冲击或者迅速恢复，这种能力就是产业链的韧性。要保证产业体系的自主可控和安全可靠，产业链要有韧性，必须掌握技术自主权。部分发达国家不断泛化国家安全概念，实施贸易保护主义，滥用出口管制措施，推行逆全球化，严重破坏市场规则和国际经贸秩序，给相关国家和企业造成损失和困难，导致全球供应链体系正经历新的演变逻辑，加剧了产业链供应链断裂等风险。2022年7月20日，美国及17个伙伴经济体的政府在供应链部长级论坛发表声明：要加强合作，使重点行业在材料与输入、半成品和成品方面具有多重、可靠和可持续的来源，同时具备物流基础设施能力，提高供应链的韧性。

2.3.2 技术主导权决定国家科技影响力

科技竞争已成为国家间竞争的重要领域。美国、中国、欧盟、日本等积极推动各自科技发展，以保持或提升自身在全球的科技影响力。这种竞争不仅体现在基础科学研究上，也体现在关键技术领域，如人工智能、量子计算、生物技术和半导体产业等。科技实力直接决定国家的经济实力。拥有先进科技的国家能够在全球经济中占据更有利的位置。技术标准制定权也成为国家间竞争的一个重要方面，能够制定国际技术标准的国家在全球科技治理中拥有更大的发言权。特定技术领域被视为国家战略的重点。国家通过投资研发、制定优惠政策、建立科技园区等方式，推动5G通信、人工智能和新能源技术等领域的发展。美国政府对华为的限制反映了美国与中国在 5G 关键技术领域的竞争，据网络全球移动通信协会（GSMA）预测，到2025年，全球5G网络将覆盖约45%的全球人口，而华为则是全球最大的电信设备供应商之一。

总的说来，科技安全作为国家利益和安全的顶梁柱，在国家安全的各个领域、各个系统中起到了重要支撑作用。从全局视角来看，科技安全不仅是为了保障技术本身的安全，更代表了国家总体安全、大战略安全与大体系安全，国家利益发展到哪里，科技安全的盾牌就应该构筑到哪里。

国际篇

2008年国际金融危机之后,越来越多的国家、地区和国际组织将科技创新视为经济发展的核心驱动力,国际科技竞争愈演愈烈。在未来技术领域,欧盟启动了迄今为止世界上最大的跨国研究和创新计划"地平线欧洲(2021—2027)";美国、英国、日本、韩国等国都纷纷加大对以人工智能技术为代表的先进技术研发的政策支持力度,以期抢占未来产业制高点。2020年,新冠疫情突发,供应链韧性和安全水平成为各国国家安全的关键词,建设自主可控、安全可靠的科技产业体系成为当前科技安全发展的重点。与此同时,随着网络、大数据、人工智能、核能、生命科学等技术的发展,也伴生出网络安全、环境威胁、科技伦理等方面的全新挑战,这使各国维护科技安全面临更高的要求。在这场激烈的科技竞争中,各国结合自身发展实际和规划,有的选择"拉帮结派"打压竞争对手,有的聚焦特定领域打造科技优势,做出了不同的路径决策。

第 3 章
欧盟战略实践：开放与自主

欧洲作为现代科学的发源地，具有深厚的前沿基础研究底蕴，是全球重要的科技创新力量之一。根据世界知识产权组织（WIPO）发布的 2023 年全球创新指数报告，排名前 20 位的国家中有 8 个是欧盟成员国。欧盟委员会发布的"2023 年欧盟工业研发投资全球排行榜"数据显示，在全球研发投入排名前 2500 位的企业中有 367 家欧盟企业，上榜企业数量仅次于美国和中国，位列第三。科技发展带来的治理风险一直是欧盟关注的重点，尤其是在个人隐私保护、绿色化发展和生物多样性保护等领域，欧盟出台了一系列的政策措施，以维护其科技安全。作为国家联合体，欧盟的科技安全政策和主权国家不同，除受科技发展因素本身影响外，还与欧洲一体化进程密切相关。对于欧盟而言，科技安全政策既是促进科技进步、支撑产业发展的一种政策措施，也是推进欧洲一体化的必要工具。

3.1 搭建自上而下、横纵协同的组织架构

欧盟是一个特殊的国家联合体，其存在的合法性在于避免欧洲再次出现战争并推进"欧洲一体化"。在这一过程中，各成员国持续开展国别间取消边境和非关税壁垒的谈判，推动规则制定，实现欧盟和成员国间的权力再分配。因此，欧盟在单一市场和经贸政策领域具有典型的超国家性质，但在公共政策决策领域又采取政府间主义路径。

欧盟的科技安全政策总体上属于公共政策领域范畴，但科技安全与各国产业政策密切相关，具有较强的国别属性，因此欧盟在科技安全领域长期未形成一体化的战略和对外政策。在欧盟内部，以欧盟委员会为代表的机构发挥了战略规划功能，统筹泛欧层面的科技战略评估和工业战略规划，推动成员国之间的结构化协调、动员公私投资合作及跨领域融合，这种规划与行动一体的"自上而下"倾向，可以视为类政府功能。在对外科技经贸及合作方面，欧盟委员会和欧洲议会等负责协调欧盟层面的立法和一致对外科技政策。总体而言，欧盟的科技政策在内外两个维度呈现出民族国家化特点。

3.1.1 欧盟委员会统筹下多重分散的机构设置

欧盟对于科技安全的管理，从纵向看，涉及欧洲理事会、欧洲议会、欧盟委员会等机构；从横向看，欧盟委员会又包括司职各个领域政策的总司。这种在纵向和横向上都分散化的结构，使其在科技安全政策的形成和

实施过程中，存在多重"介入点"。欧盟重要机构关系如图 3-1 所示。

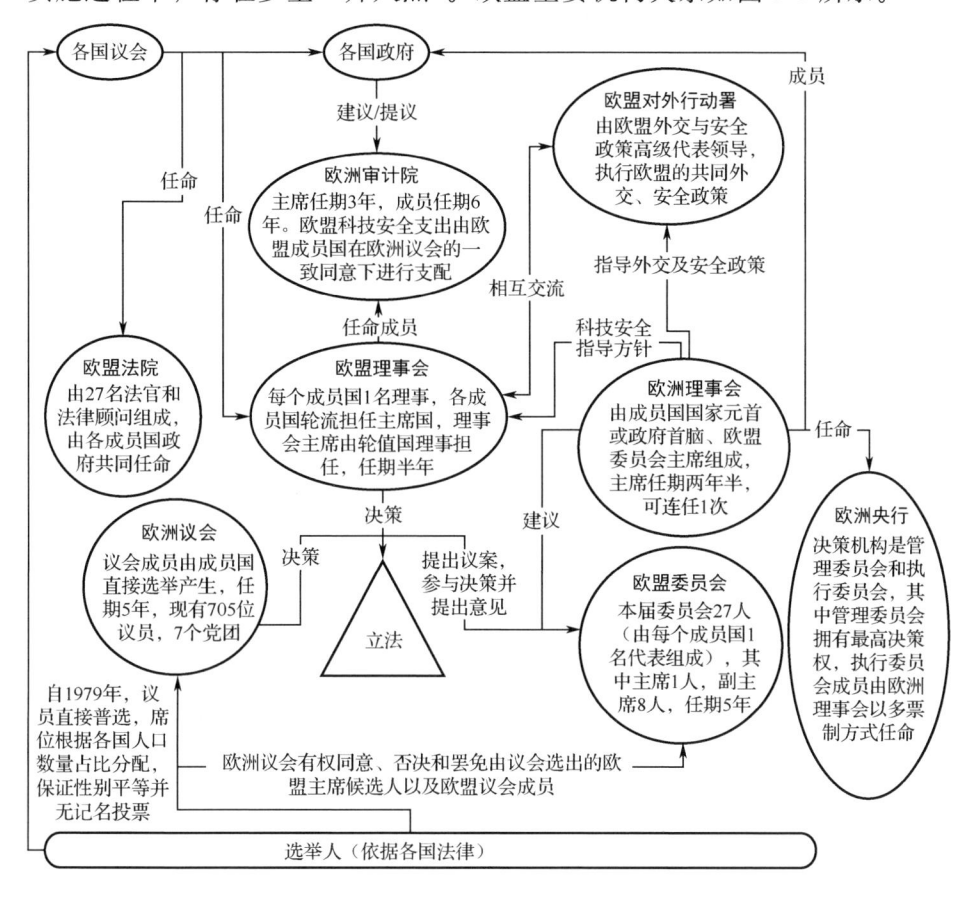

图 3-1 欧盟重要机构关系图

欧盟具有主权国家所具有的立法、司法、行政三权分立与制衡的特征。欧盟委员会、欧洲议会和欧洲法院作为欧盟的超国家机构，分别负责行政、立法与司法，在理念和组织架构上独立于欧盟各成员政府，代表整个欧盟的利益，负责欧盟相关战略、政策的制定实施。欧盟主要机构在科技安全领域的职责如表 3-1 所示。

表 3-1　欧盟主要机构在科技安全领域的职责

机构名称	主要职责
欧盟委员会（行政）	◇ 本届欧盟委员会下设 34 个总司、16 个服务部门和 6 个执行机构，如竞争总司、环境总司、研究总司、贸易总司、数字服务总司、教育和文化总司、司法和内部政策总司、对外政策工具服务署等； ◇ 处理欧盟日常事务，负责欧盟科技安全相关政策的提案及实施； ◇ 协同欧洲法院保障相关法律贯彻执行
欧盟理事会（立法）	◇ 作为欧盟两院制立法机关之一，相当于欧盟上议院，负责科技安全相关政策法规立法； ◇ 协调成员国科技安全政策，缔结国际协议等； ◇ 批准欧盟科技安全相关预算
欧洲议会（立法）	◇ 是世界上唯一的直接选举的跨国议会，相当于欧盟下议院，是欧盟科技安全战略及政策的主要决策和立法机构； ◇ 负责监督欧盟科技安全战略、计划实施情况
欧洲理事会（首脑）	◇ 实际意义上的最高决策机构，也称为"欧盟首脑会议或欧盟峰会"每半年至少举行两次； ◇ 负责制定欧盟的共同外交与安全政策，指导科技安全政策立法
欧洲法院（司法）	◇ 审查欧盟各机构科技安全相关立法与决议是否合乎欧盟诸条约； ◇ 依法解释欧盟法律； ◇ 确保各会员国遵守欧盟诸条约，包括科技安全相关法规、指令、决定、建议和意见等
欧洲审计院（财务）	◇ 欧洲审计院作为欧盟主要下设机构之一，负责审计欧盟及其各机构的账目，检查科技安全相关资金是否得到恰当使用等
欧盟对外行动署	◇ 欧盟对外关系的主管部门，负责多边事务、欧盟共同安全与防务政策、危机应对等，如对违反出口管制的出口商及贸易伙伴进行制裁

3.1.2　基于"三方对话"协同开展分级立法约束

欧盟主要制定四类科技安全立法，具体如下：

（1）法规（Regulations）：具有约束力，直接适用于所有成员国。如《通用数据保护条例》（General Data Protection Regulation，GDPR）制定了个人数据保护的一般规则，对欧盟所有成员国具有直接约束力。

（2）指令（Directives）：概述约束性的结果，但不指定如何实现这些结果。成员国需要制定自己的法律来达到这些结果。如《网络与信息系统安全指令》明确了基础服务运营者、数字服务提供者履行网络风险管理、网络安全事故应对与通知等义务。

（3）决定（Decisions）：具有约束力，并可能针对特定的欧盟国家或公司。

（4）建议和意见（Recommendations and Opinions）：非约束性。

本章所涉法律多为法规及指令，一般情况下，欧盟立法决策程序如图 3-2 所示。

图 3-2　欧盟立法决策程序

（1）欧盟委员会具有立法"倡议权"，负责组织制订立法草案的初稿，并向欧洲议会和欧盟理事会同时提交立法提案。

（2）欧洲议会收到初稿，与欧盟理事会反复交换，添加修订，直到达成一致（立法通过），或者在没有达成一致的情况下反复交换三次（程序结束，没有立法采纳）[1]。在此期间，欧盟理事会、欧洲议会和欧盟委员会之间会进行非正式的对话，称为"三方对话"。

（3）一旦欧洲议会和欧盟理事会正式批准了文本，就会在欧洲联盟公报（Official Journal of The European Union）中发布。

欧盟的立法程序非常复杂，决策过程耗时且烦琐，大多数法案的立法流程长达两年。此外，一些文件以指导性原则和非约束性指南的形式发布，与成员国的协调大多停留在信息交换和共享的层面，这也是成员国之间利益纷争和妥协过程的表现。

3.2 优化完善合作、竞争边界的政策体系

欧盟的科技安全政策本质上是成员国在共同需求下既合作又竞争的产物，其根本目的是维护欧洲在国际竞争中的优势地位，提高欧洲工业在全球的竞争力，推动欧洲经济社会的全面发展。在制定政策时，需要既争取各成员国达成共识，又寻求在具体操作层面巩固和扩大欧盟权力。

---

[1] "一读"：包括两个步骤，首先是欧洲议会审议提案，审议结果为同意提案或提出修正案；接下来，由欧盟理事会审议欧洲议会的意见，如果同意欧洲议会的全部意见，则提案获得通过；如果不同意欧洲议会的意见，则形成自己的修改意见，并将其通报给欧洲议会。

"二读"：欧洲议会在3个月内审议欧盟理事会提出的修改意见，结果有三种：①同意欧盟理事会的修改意见或未做出任何决定，则提案按照欧盟理事会的修改意见通过。②否决欧盟理事会的修改意见，则立法程序终止。③对欧盟理事会的修改意见提出修正案，则将修正案交由欧盟理事会再审议。如果欧盟理事会同意欧洲议会的全部修正案，则立法提案通过；如果不同意，则召开调解委员会。由同等数量的欧盟理事会成员和欧洲议会成员组成调解委员会，若能在6周内就立法提案达成共同文本，并获得欧盟理事会和欧洲议会的表决通过，则立法提案通过，否则该提案被视为未获通过。

3.2.1 聚焦开放性战略自主的演进路径

20 世纪 60 年代，受二战结束后美国科技快速进步的压力，欧洲内部关于缩小与美国技术水平差距的讨论日益增多。1972 年，欧盟委员会发布了首份欧盟层面的科技政策文件《共同科学研究和技术发展政策的目标和手段》，指出欧洲国家应该联合起来应对和美国的科技竞争。1984 年，欧盟正式推出第一期（1984—1987）研发框架计划（Framework Programme for Research），在科技政策"欧洲化"方面取得重大突破，这一举措使欧盟正式获得了超越主权分配科研资金的权力，拥有了对欧洲整体科技发展形势做出判断、提出应对措施的制度化平台。欧盟研发框架计划面向所有成员国，至今已经完成了八期研发框架计划[1]，第九期研发框架计划"地平线欧洲"（全称：下一轮研发和创新投资计划 2021—2027）正在实施。

进入 2000 年，欧盟开始实施旨在提振欧盟经济的《里斯本战略》，提出在 2010 年前"把欧洲建设成全球最具竞争力和活力的知识经济体"，推动建立"欧洲研究区"（European Research Area）。欧洲研究区致力于统筹协调各成员国的科技安全政策，推动欧盟内部更大程度的开放、合作和竞争，改变欧盟科研领域条块分割的困局。欧盟在这一时期推出了卓越中心

---

[1] ①欧盟第一期研发框架计划（FP1）：1984—1990 年，研发经费总投入 32.71 亿欧元；②欧盟第二期研发框架计划（FP2）：1987—1995 年，研发经费总投入 53.57 亿欧元；③欧盟第三期研发框架计划（FP3）：1991—1995 年，研发经费总投入 65.52 亿欧元；④欧盟第四期研发框架计划（FP4）：1995—1998 年，研发经费总投入 131.21 亿欧元；⑤欧盟第五期研发框架计划（FP5）：1999—2002 年，研发经费总投入 148.71 亿欧元；⑥欧盟第六期研发框架计划（FP6）：2003—2006 年，研发经费总投入 192.56 亿欧元；⑦欧盟第七期研发框架计划（FP7）：2007—2013 年，研发经费总投入 558.06 亿欧元；⑧地平线 2020（财政预算预期）：2014—2020 年，研发经费总投入 860 亿欧元。

网络计划、联合技术行动方案、联合资助机制等具体政策，并于2007年建立了欧洲研究委员会（European Research Council，ERC），其组织架构如图3-3所示。

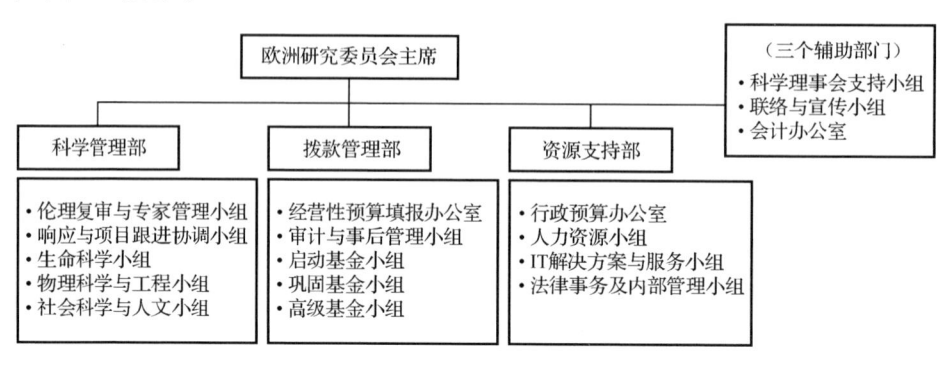

```
                        欧洲研究委员会主席                          （三个辅助部门）
                                                              · 科学理事会支持小组
                                                              · 联络与宣传小组
                                                              · 会计办公室
        科学管理部              拨款管理部              资源支持部
    · 伦理复审与专家管理小组    · 经营性预算填报办公室    · 行政预算办公室
    · 响应与项目跟进协调小组    · 审计与事后管理小组      · 人力资源小组
    · 生命科学小组             · 启动基金小组            · IT解决方案与服务小组
    · 物理科学与工程小组        · 巩固基金小组            · 法律事务及内部管理小组
    · 社会科学与人文小组        · 高级基金小组
```

图3-3　欧洲研究委员会（ERC）组织架构

欧洲研究委员会成立后，逐渐成为第八、第九期研发框架计划的中坚力量，为石墨烯、脑科学、量子计算等基础科学研究的攻关做出了巨大贡献。

2019年底新一届欧盟委员会上任以来，欧盟开始更加注重地缘政治因素，强调并扩展了"战略自主"的重要性。在科技安全政策领域，"开放性战略自主"（Open Strategic Autonomy）指导着欧盟政策的制定和实施。科技安全被提升到战略高度，以中美科技"冷战"和技术"脱钩"动向及其对欧影响作为最重要的背景考量，侧重强调"技术主权""数字主权"等战略自主概念，具有技术地缘政治色彩；相关具体举措遵循技术民族主义路径，以减少对外技术依赖、实现自主为直接目标，寻求在日益激烈的国际竞争环境中维护欧盟的利益和价值观。

3.2.2　构建掌控技术主导权的政策体系

近年来，国际环境剧烈变化，反全球化思潮兴起，英国脱欧，新冠疫情"大流行"彻底改变了生产生活方式。从欧盟自身视角来看，其面临着在数字经济领域的挑战，以及中美两国差距不断拉大、欧盟领导人更替、"地平线 2020"计划到期等环境条件的变化，技术地缘及技术自主的重要性进一步突显。2020 年 2 月，欧盟在同一时间发布三份关于数字技术的发展战略《塑造欧洲的数字未来》《人工智能白皮书》《欧洲数据战略》，三份文件均强调欧盟应在当前国际科技竞争加剧的情况下尽快掌握自己的"技术主权"。

2024 年 1 月，欧盟委员会发布了"欧洲经济安全一揽子计划"提案，旨在提升欧盟的竞争力、防范风险以及与尽可能广泛的国家合作，保障共同的经济安全利益。该计划主要包括加强外商投资审查，推动审查合法化；监测和评估对外投资风险；更高效地控制（军民）两用物项出口；加强对具有（军民）双重用途潜力科研项目的支持，提供更多选择；以及加强欧盟各国研究安全等方面的措施。

欧盟科技安全政策的"技术主权"思路日益凸显。一方面，欧盟在发展自身方面，致力于在关键战略性技术领域降低外部供应链依赖，实现价值链闭环和供应链自主；另一方面，欧盟在约束他方方面，强化科技治理和科技规约体系，利用溢出效应反向塑造并引导全球技术发展，发挥市场和治理优势，两者配合推进构建有竞争力的欧洲技术生态体系，进而实现欧洲"战略自主"。

1. 推进科技自主创新发展

1）持续实施欧盟研发框架计划，推进技术创新

自 1984 年起，研发框架计划已成为欧盟最重要的科技研发计划之一，也是欧盟范围内支持力度最大的研发和创新计划，该计划涵盖了欧盟成员国参与科技研发与知识经济合作的各个方面，是维护欧盟在应对全球挑战

方面的领导地位以及保持欧洲工业核心竞争力的支柱计划。2017年，欧盟开始设计规划第九期研发框架计划"地平线欧洲"，确立了"卓越科学""全球挑战与欧洲产业竞争力""创新型欧洲"三大支柱，强调通过使命导向型创新政策，支持卓越的基础科学研究、应对全球挑战的创新活动和促进以市场为导向的颠覆性创新活动。

在项目设置上，"地平线欧洲"鼓励科学家、企业家和社会公众参与研发与创新计划的设计和决策，支持由科研人员和企业家推动的前沿科研项目。

在项目资助上，一是探索面向不同研究领域建立差异化的资助方式，提高资源配置效率。在"卓越科学"与"创新型欧洲"支柱中均采用自下而上的资助方式支持面向基础科学的研究和面向市场的突破式创新，而在"全球挑战与欧洲产业竞争力"支柱中则采取自上而下的资助方式来支持重大科研任务，同时赋予了受资助者较大的经费使用决定权。二是设立欧盟创新理事会（European Innovation Council，EIC）[1]，为企业的整个创新链条提供资助。通过"探路者"项目为初创企业从早期技术开发到商业化阶段提供资助，以及通过"加速器"项目来加速企业从创新成果商业化到产业化的过程。三是强化"地平线欧洲"计划与其他资助计划联动，提升政策间的协调性、互补性和连贯性。设计"卓越印章"机制为未能立项的优秀项目提供其他基金的资助，鼓励和探索项目驱动的跨地区、跨部门、跨学科的科技交流与合作，统筹各方资源以提高资源使用效率，加强欧洲研究区建设以吸引全球优秀科技人才等。

---

[1] 欧盟创新理事会是欧盟在其研发框架计划"地平线欧洲"下设立的，主要目的是自下而上地支持具有创造性想法的一流创新者、企业家和研究人员，希望能产生突破性的创新成果、诞生一批创新型企业的研发与创新计划，是促进市场创新途径的重要探索。

2）出台欧洲创新议程，大力支持深科技创新

2022年7月，欧盟委员会出台新版《欧洲创新议程》，指出源于尖端科学、技术和工程的深科技创新（Deep Tech Innovation）在面对全球挑战时有可能提出革命性解决方案，改变欧盟商业和市场格局，推动经济和社会整体创新。新版《欧洲创新议程》提出了五大旗舰行动共20项举措，包括给予股权投资更多税收优惠、提供更具针对性的监管沙盒、建立深科技企业产品优先采购制度、扩大股票期权应用范围等。上述政策举措旨在吸收450亿欧元的私人投资，增加欧洲深科技创新企业数量，从而引领新一轮深科技创新浪潮，并促进其向数字化和绿色化转型，为应对气候变化、网络威胁等社会挑战问题提供创新型解决方案，支持深科技企业创新发展。

2. 健全科技安全治理体系

1）依托欧盟竞争政策体系，筑牢科技安全基石

欧盟竞争政策由《欧盟运行条约》（Treaty on the Functioning of the European Union，TFEU）中确立的基本竞争规则，欧盟理事会和欧盟委员会制定的一系列竞争规章、指令、通知、决定，以及欧洲法院的判决等构成[1]。《欧盟运行条约》《反垄断法》和《并购法》共同构成了欧盟竞争政策的三大支柱，欧盟竞争政策是申请加入欧盟的国家必须要满足的门槛之一。

---

1 1951年，法、德、意、荷、比、卢六国签订了欧洲煤钢共同体条约；1957年又签订了欧洲经济共同体条约和欧洲原子能共同体条约；1965年，六国决定将欧洲煤钢共同体、欧洲经济共同体、欧洲原子能共同体合并，统称欧洲共同体；1991年，欧洲共同体通过《欧洲联盟条约》（通称《马斯特里赫特条约》，简称"马约"）；1993年"马约"正式生效，欧盟正式诞生。欧盟竞争政策包括欧盟及其前身的相关条约以及后续修改的一系列条约和相关法规、判例。例如，《损害赔偿指令》规定了一些规则，以确保因企业或企业协会违反竞争法而遭受损害的任何人，都可以有效地行使向法院就该企业或企业协会的损害要求全额赔偿的权利。自2014年通过该指令以来，损害赔偿诉讼数量大幅增加，损害赔偿在欧盟范围内变得更加广泛。

欧盟认为竞争政策的制定主要是为了保护竞争，防止市场扭曲，保护消费者利益，确保各市场主体能够平等参与，为欧盟创新、统一内部市场以及中小企业的发展提供足够的空间。2016年以来，欧盟竞争政策由欧盟委员会竞争总司负责制定，该司负责人即欧盟委员会的竞争事务专员。根据相关法律，欧盟委员会对在欧盟运营的经济主体拥有调查和处罚的权力。

如图3-4所示，欧盟竞争政策主要由反垄断、并购控制、国家援助、市场自由化以及国际合作等内容组成。其中，反垄断主要针对通过协议限制竞争及滥用市场支配地位行为；并购控制主要针对市场过度集中问题；国家援助则主要针对由国家干预造成的市场扭曲。

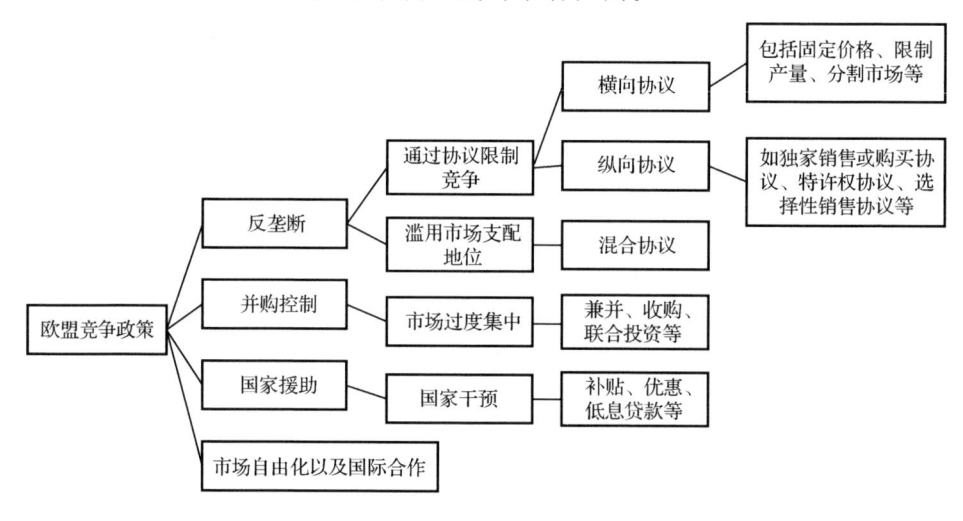

图 3-4 欧盟竞争政策主要内容

（1）欧盟竞争政策管辖权划分。

除了欧盟层面的竞争立法和竞争主管机关，各成员国也设立了相应的立法和主管机构。欧盟竞争政策在欧盟范围内具有普遍约束性，成员国竞争法不得与之相抵触。欧盟竞争政策和其成员国竞争法的管辖范围有所不同；仅当有关反竞争行为影响到成员国之间的贸易时，才属于欧盟竞争政策的管辖范围，欧盟委员会具有排他管辖权；在某些情况下，欧盟委员会与成员国的竞争主管机关和法院均可行使管辖权；对于仅影响成员国内部的反竞争行为，则由其所在成员国的竞争法管辖。

（2）欧盟竞争政策演进。

欧盟在国际经济交往中日益强调国际竞争，不仅在战略层面明确了国际经济环境竞争态势日趋严峻，而且对竞争政策作出了系统性调整。

一是为科技领域反垄断提供多方位制度支撑。

在反垄断方面，欧盟加大对美国科技巨头的反垄断执法，2022年颁布《数字市场法》，为"守门人"企业设定一系列禁止性与义务性规范，以确保数字经济行业的可竞争性和公平性。颁布《数字服务法案》，为欧洲单一市场的数字中介服务制定一个欧盟范围内的统一监管标准，以适应当前和未来的数字化业态。推动"数字税"等法规，试图通过立法约束大型数字平台的行为，分享利润，通过行为规制达到事实上的反垄断效果。

二是立法强化对外国企业投资欧盟的审查权力。

首先，立法规范外商投资审查，将并购控制的执法范围扩大至外商直接投资领域。2019年，欧盟发布了《外商直接投资审查条例》，2020年10月正式施行。该法案建立了欧盟层面和成员国层面相互配合的一套审查机制，涉及欧盟战略利益及敏感行业（包括关键基础设施、关键技术领域、关键原材料供应、涉及个人数据的敏感信息和媒体行业）的外商直接投资面临严格审查。新冠疫情暴发后，欧盟还出台指南，将医疗卫生行业紧急纳入审查范围。在这套新审查机制下，欧盟委员会和成员国监管机构都有权启动审查程序，发起调查方需与其他成员国及欧盟共享信息，审查结束后，各方都可发表意见，但最终决定权在投资项目涉及的成员国手中。其次，欧盟启动针对外国补贴的立法程序，将国家援助规则的执法范围扩大至外国政府补贴。此前，国家援助规则只涉及来自欧盟成员国政府的补贴。2023年1月，《外国补贴条例》正式生效，用以解决单一市场中外国补贴可能造成的竞争扭曲问题。

三是适用范围拟外扩至欧盟企业参与竞争的全部区域。

早期的竞争政策和贸易政策有着明确的界限，即贸易政策针对进出口贸易的边境外领域，而竞争政策则关注国内市场竞争的边境后领域。近年来，竞争政策相关条款不仅越来越多地出现在国际经贸协定中，而且其影响力日益引起关注。

首先，欧盟将竞争政策全面纳入双边经贸谈判中。在《欧盟—日本经济伙伴关系协定》（2018）、《欧盟—越南自贸协定》（2019）、《英欧贸易合作协定》（2020）、《中欧全面投资协定》（2020）中均包含专门的竞争政策章节，涉及国有企业、知识产权、政府采购等多个方面。

其次，欧盟试图引领多边领域的竞争规则制定。在WTO规则修订上，2018年，欧盟最先提出完整的WTO改革建议书，明确提出"WTO的规则制定应该注重平衡系统和公平竞争"，首次就反补贴、透明度等热点议题提出规则蓝本。2020年，美欧日发表第七份联合声明，对WTO补贴规则提出修改意见，试图将其竞争规则嵌入双边和多边规则的制定中，进而将其竞争政策适用范围外扩至欧盟企业参与竞争的全部领域。

2）将绿色发展与竞争政策相结合，保障科技安全健康发展

欧盟将绿色经济视为其未来拟培育的重要优势产业和重大增长战略。为推动绿色经济的发展，欧盟在绿色新政（European Green Deal）框架下陆续推出包括《可持续欧洲投资计划》《转型机制公平供给机制》《欧洲气候变化法》草案、《新循环经济行动计划》等多项政策举措。2021年，欧盟委员会提出了欧盟碳边境调节机制（Carbon Border Adjustment Mechanism，CBAM）的立法提案，并于2023年5月17日正式生效。

欧盟碳边境调节机制分三个阶段实施：过渡阶段、第二阶段和第三阶段。过渡阶段，进口商在2023—2025年无须承担碳费用，但是需要向欧盟提供进口商品的碳排放量报告。第二阶段，自2026年起，进口商需申报进口商品的数量及其碳排放量，并根据进口商品的碳排放量向指定机构购买

相应的"碳边境调节机制证书"。如果欧盟境外出口商能够证明其商品已在第三国支付过相关的碳排放费用，则进口商可以从碳边境调节机制中扣减相应成本。第三阶段，即2036年之后，欧盟碳排放权交易系统（EU ETS）的免费配额将全面取消。届时欧盟内部对碳排放配额的需求将进一步加大，进而拉高碳排放权交易体系的碳价和"碳边境调节机制证书"的价格。

2023年2月，欧盟委员会正式提出了《绿色协议产业计划》，该计划基于建立可预测和简洁高效的监管体系、加快获得融资的速度、提升绿色转型技能以及发展有弹性的供应链开放贸易四大支柱，将通过发布《净零工业法案》、建立净零工业学院、设立欧洲主权基金以及发展自由贸易协定网络等措施，助力工业绿色化转型并支持各成员国加速工业脱碳，满足欧盟雄心勃勃的气候目标。

除上述法案外，欧盟围绕绿色发展建立了一系列法律法规，欧盟绿色壁垒相关法律如表3-2所示。

表3-2 欧盟绿色壁垒相关法律

法规名称	立法状态	主要内容
《企业可持续发展报告指令》（CSRD）	2022年11月通过	要求企业定期披露有关其社会和环境影响的信息，承担相应社会责任，促进欧盟市场经济发展，并为全球层面可持续发展报告的标准奠定基础
《企业可持续发展尽职调查指令》（CSRD配套立法）	2022年2月23日发布草案	要求涉及公共利益的大型企业发布经独立第三方审计机构认证的可持续发展报告
《欧盟可持续发展报告准则》（CSRD补充规定）	2023年7月31日正式通过	CSRD范围内企业可持续发展报告必须遵循的准则
《净零工业法案》（作为《绿色协议产业计划》一部分）	2023年3月16日提案，2023年12月7日就草案达成一致	到2030年，欧盟将在本土生产制造其所需净零技术产品的40%，包括太阳能光伏板、风力涡轮机、电池等。法案还提出欧盟碳捕集和封存的具体目标，即2030年实现二氧化碳的每年注入能力至少达到5000万吨
《反经济胁迫法》	2023年12月27日起生效	为欧盟法律在海外落地实施提供保障。例如，如果中国对某欧盟立法采取反制措施，那么欧盟可采取反-反制措施，使争端升级

续表

法规名称	立法状态	主要内容
《强迫劳动产品禁入欧盟立法》	2023年10月16日发布提案修订稿	其中关于国家政府强迫劳动和举证责任倒置的规定，使欧盟针对中国供应链高风险产品和特定地区产品的执法更接近于美国所谓的《维吾尔强迫劳动预防法案》
《单一市场应急工具》	2022年9月19日提案	旨在确保危机时期商品、服务和人员的自由流动以及关键商品、服务的可获得性

3）运用经济手段"去风险"，保障原材料供应链安全

2023年6月，欧盟委员会发布了《欧洲经济安全战略》，旨在应对一系列经济风险，如关键供应链弹性风险、关键基础设施安全风险、关键技术和隐私泄露风险、经济依赖或经济胁迫等。该战略将促进自身竞争力和技术优势作为首要支柱，并提出通过深化单一市场、增加投资、促进关键技术及工业基础研发、建立更广泛的经贸联系等行动来提升欧盟的竞争力，实现"去风险"目标。这标志着欧盟内外经济政策的底层逻辑逐步由"效率至上"转变为"效率与安全并重"，甚至是"安全至上"。

在芯片领域，欧洲《芯片法案》于2023年9月21日正式生效。该法案进一步明确了欧盟发展芯片产业的三大支柱：一是大力支持先进芯片研发创新，未来一年内融资建设3条价值10亿欧元至20亿欧元的试点生产线；二是大量增加欧洲芯片代工厂数量，打破三星和台积电形成的"双头垄断"；三是通过市场监管机制、设立战略库存、出口限制措施等，更好预防和应对供应链危机。

在原材料领域，欧盟于2023年发布《关键原材料法案》，旨在提升欧盟内部诸如稀土、锂、钴、镍及硅等34种对欧盟经济非常重要且难以获得的关键原材料的产能，并为原材料供应链的欧盟内部产能设定了明确的基准。同时，加强欧盟与"可靠"的主要供应国伙伴的相关合作及贸易关系，建立以欧盟为中心的"全球关键原材料俱乐部"（CRM Club），使欧盟原材料进口多元化，保障供应链安全。

4）构建内部协同的管制体系，保障政策协调一致

欧盟认为基于国家安全、国际条约义务、国家政策需要以及促进贸易四个方面的考虑需要实施出口管制。欧盟层面原有的出口管制体制主要由《瓦森纳协定》等多项多边制度组成，但缺乏成员国和许可证颁发机构之间的协调。2021年5月，欧盟修订了《欧盟两用物项出口管制条例》，对"两用技术的出口、转让、中间商交易和过境"进行管制，通过提高欧盟及其成员国磋商和报告的层级和水平来提高透明度，协调整个欧盟的出口管制体制，并加强对新兴技术安全风险的集体应对能力。此次修订还对出口管制的关键概念和两用技术的定义进行了修改，新增了"技术援助""技术援助提供者"等定义及其限制内容，以控制技术出口。同时，此次修订将管制对象的范围从欧盟主体明确扩大至外国主体。欧盟出口管制法规演进过程如图3-5所示。

欧盟出口管制法规规定了出口管制的范围、实施机制、出口许可证的申请和审批程序等内容，现行主要法规为2021年9月修订的《建立欧盟两用物项出口、中介、技术援助、过境和转让的管制制度》。欧盟出口管制法规不断改革、修订和补充，管制物项和管制范围不断扩大（见图3-5），并推进欧盟各成员国就严格管制进行政策协调。除了遵守国际协定和欧盟出口管制法规，欧盟成员国还有各自的法规，如荷兰的《战略物资出口法令》、奥地利的《对外贸易法》、德国的《对外贸易和支付条例》、法国的《常规武器与两用物项和技术出口控制政策法》、匈牙利的《两用物项外贸授权》等。

2024年1月，欧盟委员会发布了《出口管制白皮书》，在文件中，欧盟委员会基于欧盟和国际出口管制多边机制现有规则，提出了一系列短期和中期的行动建议，包括"设立一个高级别的出口管制政治协调论坛""明确对两用物项出口管制条例评估时间"等，旨在加强和统一欧盟内部的出口管制政策，促进各成员国之间的政策一致性和行动协调。

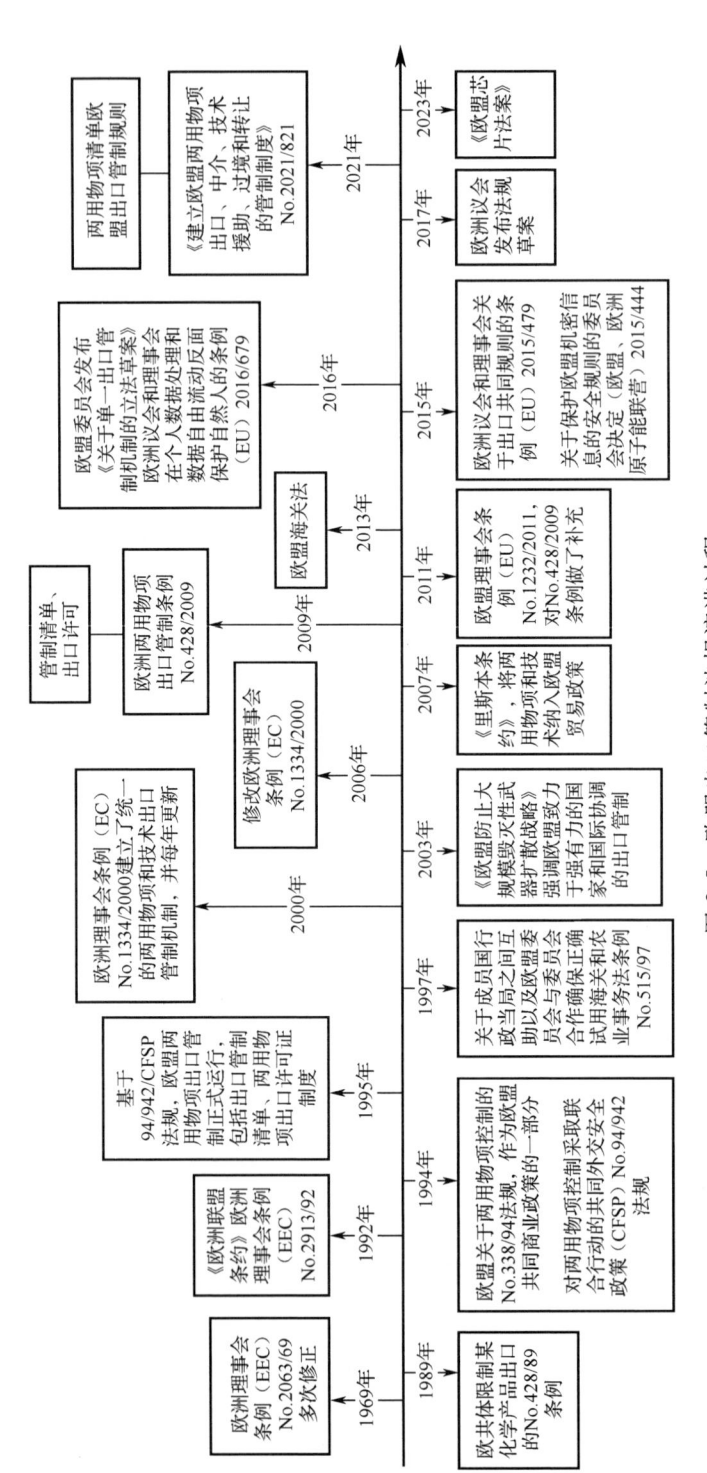

图 3-5 欧盟出口管制法规演进过程

- 1969年：欧洲理事会条例（EEC）No.2063/69 多次修正
- 1989年：欧共体限制某化学产品出口的No.428/89 条例
- 1992年：《欧洲联盟条约》欧洲理事会条例（EEC）No.2913/92
- 1994年：欧盟关于两用物项控制的No.338/94法规，作为欧盟共同商业政策的一部分
- 1995年：基于94/942/CFSP法规，欧盟两用物项出口管制正式运行，包括出口管制清单、两用物项许可证制度
- 1997年：关于成员国行政当局之间互助以及欧盟委员会与委员会合作确保海关和农业事务法规正确试用的海关法事务条例 No.515/97
- 对两用物项控制采取联合行动的共同外交安全政策（CFSP）No.94/942 法规
- 2000年：欧洲理事会条例（EC）No.1334/2000建立了统一的两用物项和技术出口管制机制，并每年更新
- 2003年：《欧盟防止大规模毁灭性武器扩散战略》强化欧盟致力于强有力的国家间国际协调的出口管制
- 2006年：修改欧洲理事会条例（EC）No.1334/2000
- 2007年：《里斯本条约》，将两用物项和技术纳入欧盟贸易政策
- 2009年：管制清单、出口许可；欧洲两用物项管制条例 No.428/2009
- 2011年：欧盟理事会条例（EU）No.1232/2011，对No.428/2009条例做了补充
- 2013年：欧盟海关法
- 2015年：欧洲议会和理事会关于出口共同规则的条例（EU）2015/479；关于保护欧盟机密信息的安全规则的委员会决定（欧盟、欧洲原子能联营）2015/444
- 2016年：欧盟委员会发布《关于单一出口管制机制的立法草案》欧洲议会和理事会在个人数据处理和数据自由流动反面保护自然人的条例（EU）2016/679
- 2017年：欧洲议会发布法规草案
- 2021年：两用物项清单欧盟出口管制规则；《建立欧盟两用物项出口、中介、技术援助、过境和转让的管制制度》No.2021/821
- 2023年：《欧盟芯片法案》

3.3 打造顶层牵引、多措并举的工具方法

欧盟基于欧洲价值观和市场格局，围绕创新激励、科技自立及风险治理，形成了一系列工具方法。一方面，整合内部资源，强力推进科技创新发展；另一方面，不断升级规范体系和监管工具箱，强化科技安全治理，塑造自身技术地缘格局。

3.3.1 重视要素培育、布局未来产业的创新路径

为推进科技创新发展，欧盟积极布局未来产业，持续推进研发框架计划，深化科技成果转化实践，推进国际技术治理的欧洲标准和规范，同时积极吸引全球人才，逐渐形成欧洲路径。

1. 强化战略性技术产业布局

2019年以来，欧盟委员会、欧洲议会等欧盟机构依托"欧洲共同利益重要项目"（IPCEI）[1]战略论坛等平台，对欧洲战略产业和关键技术领域等进行了一系列评估，确定了自动驾驶汽车、氢能技术及其系统、智能健康、工业互联网、低碳产业和网络安全等六大战略产业，并通过2020年发布的《欧洲新工业战略》对相应领域进行规划布局。

---

[1] 欧洲共同利益重要项目（Important Project of Common European Interest, IPCEI）是基于欧洲共同利益的大型国家援助项目，涉及微电子、光伏、电池、半导体和氢能等领域。

在氢能技术领域,欧盟大力促进氢能产业的发展以及氢能的广泛应用。目前,已有 26 个成员国加入欧盟牵头成立的"氢能倡议",14 个成员国将氢能列入国家替代化石能源的政策框架。

专栏　IPCEI 氢能专项资助
2022 年 6 月,欧盟投资 54 亿欧元启动了 IPCEI 首批氢气项目(IPCEI Hy2Tech),聚焦氢气价值链开发新技术,以实现工业流程和流动性的脱碳。2022 年 9 月,批复投资 52 亿欧元用于第 2 个氢能专项(IPCEI Hy2Use),以支持氢能基础设施建设及氢能在工业领域的应用。2024 年 2 月 15 日,欧盟批准法国、德国、意大利等 7 个成员国投入 69 亿欧元建设氢能基础设施(IPCEI Hy2Infra),包括可再生氢生产、氢传输和配送管道、大型储氢设施等。

在网络安全领域,2019 年发布的《网络安全法》,建立了欧盟网络安全机构及以网络安全认证制度为标志的特色制度框架;此外,2018 年,欧盟批准了法国、德国、意大利和英国发起的 IPCEI 项目,投入 17.5 亿欧元用于微电子技术的研究和开发。2019 年和 2021 年,欧盟批准了 61 亿欧元公共资金用于两个电池相关项目。从多渠道协同投资、加强政策扶持和提升研发投入等方面为战略性关键技术研发提供支撑。

2. 多渠道增加公共研发投入

近年来,欧盟及其成员国一直在多个渠道不断增加公共研发资金,以撬动私人融资,并持续加大对战略性产业价值链的投入。2021 年启动的第九期研发框架计划——"地平线欧洲(2021—2027)",是迄今为止世界上最大的跨国研究和创新计划之一,总投资高达 955 亿欧元,欧盟计划通过该计划系统性强化欧盟的知识基础和关键技术,以市场导向推动颠覆性创新,并引导成员国 2021—2027 年的科研支出水平在原有基础上提升 50%。

此外，欧盟于2018年设立了"数字欧洲"项目，计划拨款92亿欧元投资超级计算、人工智能、网络安全等领域，确保欧洲拥有应对各种数字挑战所需的技能和基础设施，并从560亿欧元的疫情复苏基金中，投入20%用于数字产业。通过"重新赋能欧盟"计划，欧盟计划在2027年前额外投资2100亿欧元，进一步加大对风电、光伏等可再生能源领域的投资，提升欧盟关键产业竞争力。

3. 推进创新主体协同培育

欧盟积极采取多种政策工具，激发市场主体创新发展活力。一是通过改革机构促进成果市场化，于2021年设立了欧盟创新理事会（EIC），并为2021—2027年提供超过100亿欧元的预算，借助研究新兴技术的加速器项目和专设的EIC投资基金，扩大创新型初创企业和中小企业的规模。二是加大市场干预，培育欧洲科技"冠军企业"。2021年11月，欧盟委员会出台了《适应新挑战的新竞争政策》文件，该文件提出修改反垄断政策设想，主张加强对谷歌等美国巨头企业的制约，以增加欧洲单一市场体系的弹性与活力，推进欧洲"冠军企业"成长。三是强化融合发展，推进跨领域创新协同。2021年2月，欧盟委员会发布《民用、防务与太空产业融合行动计划》，拟通过关键技术、技术路线图、旗舰项目三个步骤，在民用、国防、太空技术三个领域，实现军民融合协同、军品溢出、民用技术孵化三个目标。

4. 提升欧盟技术标准竞争力

欧盟一直以来高度重视标准化问题，将标准视为欧盟单一市场建设和全球竞争力的基础，形成了集欧洲标准化委员会（Comité Européen de Normalisation，CEN）、欧洲电工标准化委员会（European Committee for

Electrotechnical Standardization，CENELEC）、欧洲电信标准协会（European Telecommunications Standards Institute，ETSI）在内的欧洲标准化体系，为欧盟产业的整体竞争力提升提供了有效支撑。2022 年 2 月，欧盟委员会正式发布了《欧盟标准化战略——制定全球标准以支撑韧性、绿色与数字化的欧盟单一市场》（以下简称《欧盟标准化战略》），旨在提升欧盟的全球竞争力，实现有弹性的绿色数字经济，并在技术应用中体现欧洲价值观。

《欧盟标准化战略》关注五大关键领域，一是预测、优先考虑并解决战略领域标准化需求。包括新冠疫苗、关键原材料回收、清洁能源价值链、芯片及数据标准等。二是完善欧洲标准化体系的治理能力，以避免核心技术领域标准制定决策受到域外国家的不当影响。三是强化欧盟在全球标准方面的领导力。强化与欧盟成员国间的信息共享及协调。四是支持创新，拟启动"标准化助推器"项目，支持研究人员测试其他科研项目与标准化的关联性。五是培养标准化专家。通过欧盟大学以及研究人员培训提升标准化学术水平。

5. 培育和吸引科技人才

欧盟为提升在全球人才竞争中的吸引力，将"积极培育、吸引和留住科技人才"作为《欧洲创新议程》的五大旗舰行动之一。一是培养和吸引科技人才。通过"数字欧洲计划"支持高等教育机构培养数据科学、人工智能、网络安全和量子技术等领域的人才。设计人才库，帮助欧洲企业寻找国际人才。发布"学生和研究人员指令"及"欧盟蓝卡指令"，通过提供法律途径吸引欧盟以外的高技能工人、研究人员和学生。二是扩大员工股票期权应用。在欧盟创新理事会论坛中设立股票期权工作组，推进员工股票期权应用。三是推动女性引领科技创新。制定"女性企业家精神和领导力计划"，扶持由女性领导的科技初创企业。四是促进创业和创新文化。建立"专业便利者社区",如"欧洲大学联盟",以加强产学研之间的合作,实现创新知识供给与产业需求间的平衡。

3.3.2 深化多边协作、维护产业安全的科技自立

为维护欧盟科技安全利益,欧盟在多双边合作、知识产权保护、供应链安全防护、投资审查等方面建立了日趋完善的工具体系,并加大政府干预的强度、广度和深度,以规制手段保障自身科技安全自立。

1. 持续深化多双边合作

1)筑牢欧美科技同盟

欧美盟友关系由来已久,双方在经贸领域合作深入广泛,尤其近年来随着中美竞争的加剧和俄乌冲突的爆发,欧美双边高层会谈的频率逐渐增加,战略互动呈现出逐渐机制化的趋势。

一是紧跟美国对华政策,实施科技遏制。自2018年以来,美国通过打压华为、中兴,在5G设施、对华两用技术出口管制等问题上不断向欧洲施压,加剧了欧中科技合作阻力。同时,欧盟内部对中国技术安全风险的认识难以形成共识,各成员国在执行相关措施上存在较大分歧。但疫情以来,欧洲对美国的行动逐步表现出策应甚至追随趋势。除了出台针对性立法措施,2021年以来部分国家还拆除了已建成的华为5G设施,2024年1月,荷兰政府宣布撤销光刻机巨头ASML旗下NXT:2050i与NXT:2100i两款光刻机出口许可证,直接中断了相关产品对华出口。

二是以西方的民主价值观为牵引,强化同盟机制。自2020年以来,欧盟主动寻求与美国修复同盟关系,提出《应对全球变化的欧美新议程》,包括强化技术生态与利益关联、强调技术治理和规范的共同价值取向,推进

西方"民主技术联盟"等。迎合美国在诸如保护 5G 基础设施安全、供应链安全等领域的利益诉求，提议建立欧盟—美国"贸易与技术理事会"（Trade and Technological Council，TTC），配合开展对华出口管制、外资审查等。2021 年欧美还重启了"中国问题对话机制"，将保护技术复原力、加固供应链、保护知识产权、关键基础设施和敏感技术等列入主要议题清单。

三是在对华竞争以及美欧竞争中对美协调，保障自身能力。鉴于国际立场和发展目标等的分歧，欧美对华出口管制存在一定差异。美国将欧盟视为对华遏制的潜在帮手，欧盟则欲凭借其在经贸、科技、投资与出口管制领域的强大实力，作为第三方更主动地参与中美博弈。欧盟提出要在外资审查、出口管制、政府采购、补贴等领域采取更严格的限制措施，强调自身参与并领导塑造全球的能力。美国与欧盟在扩大使用出口管制或制裁工具方面尚存在共识难题。

此外，美国科技力量在欧洲市场占据主导地位，尤其是在欧洲作为优先战略议程的数字和数据领域，欧盟正寻求摆脱对美国的过度依赖，以实现欧美关系的再平衡；同时，欧盟也在试图巩固自身技术优势，以防范中国通过引领技术标准等在全球技术迭代升级过程中弯道超车，防范供应链断裂导致的技术风险，防范中国在数字应用领域的领先优势对欧洲社会价值观造成冲击。

专栏　欧盟在数字领域对美科技巨头的监管与限制
2018 年 5 月，欧盟《通用数据保护条例》（GDPR）生效后，欧洲国家显著加强了对美国科技巨头的监管和限制措施。2019 年 7 月，法国决定向部分大型跨国互联网企业征收 3% 的数字服务税，成为欧盟第一个征收数字服务税的国家。此后，欧盟多国实施该法案，并威胁对美国科技企业征收"数字税"；2019 年和 2020 年，欧盟对 Facebook（2021 年更名为 Meta）、谷歌、亚马逊等美国科技巨头展开反垄断调查；2023 年

> 9月6日，欧盟委员会根据《数字市场法》，首次指定六家企业 Alphabet、亚马逊、苹果、字节跳动、Meta、微软为"看门人"，迫使 Meta、谷歌、亚马逊、苹果等大型科技公司加强自我监管。

2）强化欧日科技协作机制

欧盟与日本正式的科技合作始于1994年，此后双方共同组织"科技论坛"，以推进双方在科技政策、研究人员交流、环境、传染病等领域的对话与合作。2009年，双方签署了《日欧科技合作协定》，并于2011年成立欧日科技合作联合委员会，每两年召开一次会议，探讨共同关心的合作领域和优先合作事项、验收合作成果、规划未来的合作领域等，截至2023年7月，共召开了六次会议。

在合作内容上，双方寻找彼此优势领域的契合点展开合作，如在信息通信技术领域，2023年双方签署了《促进卫星数据相互共享和利用的合作安排》，加强超算研究合作并共享超级计算机资源；在合作方式上，由主要机构牵头，双方在事务层面对接研究合作安排，明确任务分配，并吸纳科技企业参与，通过专题合作来深化研究。在合作模式上，采取双边为主、多边跟进的模式，以多边合作推动和补充双边合作。一方面，欧日同属一系列以美国为主导、以西方价值观为国际规范的"技术联盟"体系，如"人工智能全球合作伙伴组织"（2020）、"阿尔忒弥斯协议"（Artemis Accords，2020）、"技术民主联盟"（T12，2021）等；另一方面，欧日基于G7、G20、WTO等国际多边机制和多边平台，广泛开展了跨境传输数据规则、数据监管、人工智能伦理等领域的国际规范和技术标准的制定，达成了多项共识，并不断深化双方合作关系。

2. 加强知识产权保护及应用

2020年，欧盟委员会通过《知识产权行动计划》，提出进一步加强知识产权保护、鼓励中小企业利用知识产权、促进知识产权共享、打击假冒现象并加强知识产权执法及推动构建全球公平竞争环境等五类措施，旨在推动欧洲创意和创新产业持续强劲发展，并加快欧洲绿色和数字化转型进程。2023年12月，欧盟知识产权局（EUIPO）针对即将出台的《2030年战略规划》（SP2030）展开公开咨询，预计将于2025年开始实施。这一战略规划的核心是使EUIPO转变为一个知识产权枢纽，致力于与欧盟成员国的国家和地区知识产权局合作，向公众和企业提供高价值的知识产权服务，尤其侧重中小型企业，鼓励欧洲的创新、竞争力和经济增长。

3. 大力提升产业链安全韧性

据欧盟委员会评估，欧洲在137项战略敏感产品领域依赖进口，包括原材料、原料药、半导体、电池、氢能及云计算等领先技术。由此，欧盟在价值链和供应链两方面同时推动降低对外依赖程度，以提升产业链供应链韧性。一是在关键技术领域建立从研发设计、生产制造到应用增值环节的完整价值链。以芯片为例，2023年9月，欧盟《芯片法案》正式生效，计划调动430亿欧元的公共和私人投资（其中33亿欧元来自欧盟预算），将欧盟在全球半导体市场的份额从现在的10%提高到2030年的至少20%。同时，积极支持先进制程芯片技术研发和大型芯片制造工厂建设，力争2024年能够制造2纳米及以下芯片，保障欧盟半导体竞争优势和芯片供应安全。二是降低对产业链供应链的依赖，尤其是降低对单一供应商的依赖。2023年10月，欧盟发表"格拉纳达宣言"，旨在加强统一市场，在数字及绿色技术、原材料和药物等领域减少对外依赖。在云计算领域，法、德两国基于"欧洲数据基础设施"倡议，推出了"盖亚-X"云计算系统，以减少欧洲对美国云计算服务的依赖，增强欧洲企业数据的安全性；为摆脱"对中国稀土的依赖"，欧盟2020年底成立了"欧洲原材料联盟"，通过多元化国际合作降低对原材料供应国的单一依赖。

4. 加大外商投资审查力度

2020年10月正式实施的《外商直接投资审查条例》是欧盟层面首个基于"安全和公共秩序"的外商直接投资审查工具。外资在战略领域的准入将受限甚至被排除在外，尤其是在涉及关键基础建设、关键技术、关键产品供应安全以及与敏感信息获取有关的领域，形成了"非穷尽"审查项目清单。按照条例规定，欧盟委员会与成员国建立了审查程序执法合作和信息交换"合作机制"，成员国拥有最终决定权，但必须最大限度地考虑欧盟委员会的意见。

专栏　赛微电子收购德国汽车芯片制造产线交易遭德国政府否决

2021年12月14日，中国赛微电子位于瑞典的全资子公司瑞典Silex与德国Elmos签署《股权收购协议》，瑞典Silex拟以8450万欧元收购德国Elmos公司汽车芯片制造产线相关资产FAB5。瑞典Silex于2022年1月向德国联邦经济事务与气候行动部提交了本次收购交易的审查申请。在经过十个月的投资审查后，2022年11月9日，瑞典Silex收到德国政府正式决定文件，因涉及"关键技术外流"风险，禁止其收购德国FAB5。讽刺的是，该资产10个月后被美国企业收购。

2023年10月，欧盟委员会发布的第三份《外国直接投资审查年度报告》显示，2022年三分之二的欧盟成员国制定了外国直接投资审查法规，17个欧盟成员国根据条例提交了共计423份案件通报，近六成涉及制造业，涵盖能源、航空航天、国防、半导体、健康、数据处理和存储、通信、运输和网络安全等多个行业。以安全风险为由出口管制案件有560起，总价值70亿欧元。欧盟对外商投资审查力度持续加大。

3.3.3 强化风险监控、完善规制约束的科技治理

欧盟在科技安全风险治理方面，主要采取加强出口管制，建立相关领域治理规范，强化市场竞争风险监控，开展科技伦理政策研究、制定及监管等方法，进一步推进科技应用的规范性和安全性。

1. 升级欧盟出口管制制度

1）实施以欧盟委员会为主的跨国协调机制

欧盟出口管制组织架构如图 3-6 所示，包括多个机构及各成员国出口管制主管部门。

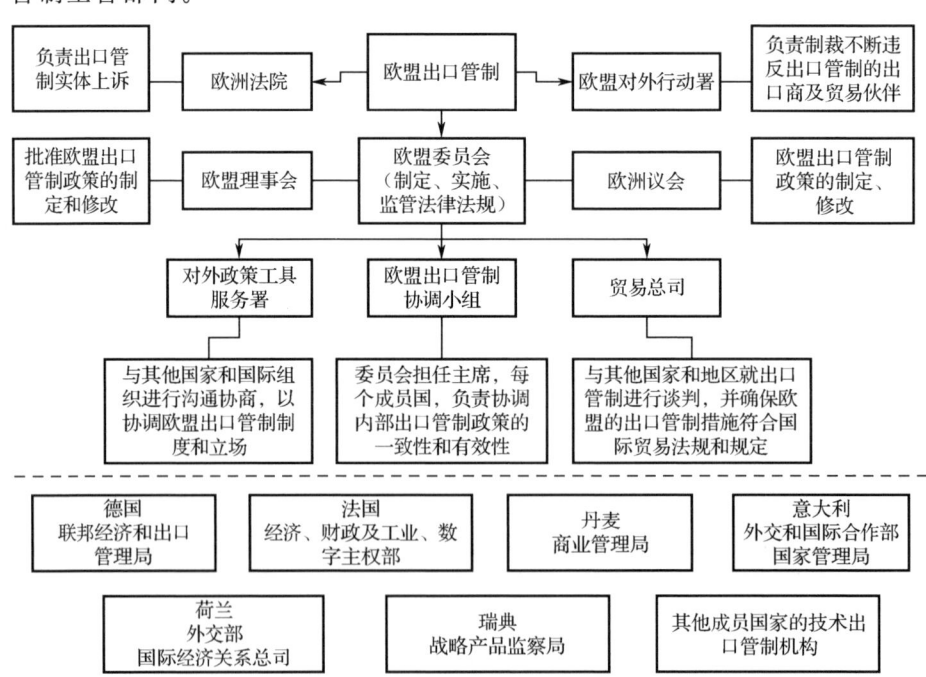

```
┌──────────┐   ┌────────┐   ┌──────────┐   ┌──────────┐   ┌──────────────┐
│负责出口管│──▶│欧洲法院│◀──│欧盟出口管│──▶│欧盟对外行│   │负责制裁不断违│
│制实体上诉│   │        │   │   制     │   │  动署    │   │反出口管制的出│
│          │   │        │   │          │   │          │   │口商及贸易伙伴│
└──────────┘   └────────┘   └────┬─────┘   └──────────┘   └──────────────┘
                                 │
┌──────────┐   ┌────────┐   ┌────▼─────┐   ┌──────────┐   ┌──────────────┐
│批准欧盟出│──▶│欧盟理事│──▶│欧盟委员会│──▶│ 欧洲议会 │──▶│欧盟出口管制  │
│口管制政策│   │   会   │   │(制定、实施│   │          │   │政策的制定、  │
│的制定和修│   │        │   │监管法律法│   │          │   │修改          │
│    改    │   │        │   │   规)    │   │          │   │              │
└──────────┘   └────────┘   └────┬─────┘   └──────────┘   └──────────────┘
                                 │
               ┌─────────────────┼─────────────────┐
         ┌─────▼────┐      ┌─────▼────┐      ┌─────▼────┐
         │对外政策工│      │欧盟出口管│      │ 贸易总司 │
         │具服务署  │      │制协调小组│      │          │
         └─────┬────┘      └─────┬────┘      └─────┬────┘
         ┌─────▼────────┐  ┌─────▼────────┐  ┌─────▼────────┐
         │与其他国家和国│  │委员会担任主席│  │与其他国家和地│
         │际组织进行沟通│  │，每个成员国，│  │区就出口管制进│
         │协商，以协调欧│  │负责协调内部出│  │行谈判，并确保│
         │盟出口管制制度│  │口管制政策的一│  │欧盟的出口管制│
         │和立场        │  │致性和有效性  │  │措施符合国际贸│
         │              │  │              │  │易法规和规定  │
         └──────────────┘  └──────────────┘  └──────────────┘
```

| 德国联邦经济和出口管理局 | 法国经济、财政及工业、数字主权部 | 丹麦商业管理局 | 意大利外交和国际合作部国家管理局 |
| 荷兰外交部国际经济关系总司 | 瑞典战略产品监察局 | | 其他成员国家的技术出口管制机构 |

图 3-6 欧盟出口管制组织架构

欧盟委员会负责制定、实施、监督（出口管制的）法律法规，主要由其下属对外政策工具服务署、欧盟出口管制协调小组、贸易总司负责。其中，由欧盟出口管制协调小组负责协调成员国间的出口管制工作，确保内部出口管制政策的一致性和有效性。各成员国出口管制主管部门是控制出口的实际执行部门，如德国联邦经济事务与气候行动部、法国预算部、意大利外交和国际合作部等，有权授予两用物项的出口许可、提供技术援助、禁止非欧盟两用物项过境。此外，欧盟与各国政府间还建立了信息共享机制，主要通过由理事会轮值主席国主持的理事会两用物项工作组、由委员会主持的两用物项协调小组实现。

2）制定广泛的管控物项并设立"全面管制补充清单"

欧盟出于确保欧盟及成员国外交和安全政策的考虑，制定了每年更新一次的《欧盟两用物项清单》，遵循导弹技术管制制度、核供应国集团、瓦森纳协定、《化学武器公约》等国际规则。《欧盟两用物项清单》涵盖核、特种材料、电子、计算机、电信和信息安全、传感器和激光器、导航和航空电子设备、航海系统/设备和材料、航空航天和推进系统及设备等 10 类物项。每一大类按照物项性质分为 5 组：系统、设备和组件，测试、检验和生产设备，材料，软件，技术。此外，还设立了"全面管制补充清单"，其中物项出口也须经过许可。同时，允许成员国"出于公共安全或人权方面"的考虑，将更多的两用物品置于本国管制清单之下。

3）建立欧盟委员会及其成员国的出口管制情报共享机制

欧盟委员会及其成员国、情报机构通过分析收集到的情报，对特定产品或技术的出口风险进行评估，识别潜在的风险和威胁，并向相关部门和成员国提供情报警示。欧盟对外行动署在外交渠道和国际合作方面提供情报,共享国际市场和竞争对手的动态;欧盟情报分析中心[1]负责收集、分析和提供与欧盟外交和安全政策相关的情报,在出口管制方面为欧盟成员国提供战略情报、风险评估和分析;欧洲刑警组织在协助成员国打击跨国犯罪和恐怖主义中,共享出口管制相关情报;欧盟成员国及其情报机构之间主要通过会议、机构合作等方式来实现情报共享和合作。如出口管制协调小组通过情报共享、技术分析和政策协调对各成员国、各部门在出口管制领域的工作进行统筹协同,以提高出口管制的效力。

> **专栏　欧盟理事会对俄罗斯的十三轮制裁**
>
> 自俄乌战争爆发以来,欧盟已公开发布对俄罗斯的十三轮制裁。截至2024年3月末,欧盟针对俄罗斯制定的个人和实体制裁清单共涉及1752名个人以及425个实体,被制裁主体总数超过2000个。在第十三轮制裁中,欧盟首次以"通过交易相关电子元件间接支持俄罗斯军事和工业综合体侵略乌克兰"为由将俄罗斯以外第三国的某些实体列入该清单[包含注册地为中国的四家公司以及注册地在哈萨克斯坦、印度、塞尔维亚、泰国、斯里兰卡、土耳其注册的一些公司,这些公司均从事电子元件领域(包括原产于欧盟的电子元件)的贸易活动]。
>
> 欧盟将对列入清单的个人、实体和机构出口受管制物项实施更严格的限制,受管制物项包括两类:两用货物和技术以及第833/2014号条例附件七所列"可能有助于促进俄罗斯军事和技术提升或国防和安全部门发展的货物和技术"。

---

[1] 欧盟情报分析中心隶属于欧盟外交事务委员会,其并非"欧盟情报局",不使用特工手段收集信息,而是由欧盟成员国派遣联络官前往位于布鲁塞尔的欧盟情报分析中心,共同分享和分析各成员国情报机构获得的信息,之后再传递给欧盟各机构和成员国。

2. 扩大风险监控监管范畴

1) 明确数据治理规范，强化监管力度

欧盟将个人数据保护的"基本人权"作为价值观基点，通过一系列法规加大了对数据治理的监管力度，包括2018年颁布的《通用数据保护条例》（GDPR）、《非个人数据自由流动条例》（FFD），2019年颁布的《网络安全法》和《开放数据指令》，2021年颁布的《数据治理法案》等。这些法规将数据作为审查对象，对一般数据和企业涉欧数据的跨境传输进行严格监管，评估数据传输行为对欧盟公共安全的威胁，并规定只有当第三国对数据的保护力度达到欧盟标准时，才允许将公共部门的敏感数据转移到第三国。值得注意的是，2020年7月，欧盟法院裁定欧盟与美国之间关于跨境数据共享的《隐私盾协议》无效，从而禁止美国公司继续通过该协议将欧盟的个人数据传输到美国。

2) 监管重心转向本土企业同外国企业间的竞争

近年来，欧盟监管重心从强调成员国企业间的竞争，转向了外国企业同欧盟企业之间的竞争。其中最为显著的是，欧盟委员会对美国科技巨头加大了执法力度。自2016年起，欧盟委员会竞争总司一改之前较为保守的做法，对美国科技巨头开启了严格密集的审查，处罚力度也大幅加大。标志性案件是2016年欧盟委员会勒令苹果公司补缴高达130亿欧元的税款和利息，虽然该案因涉及成员国税权并未得到欧洲法院的支持，但此后的反垄断案件日趋频繁。2017年至2019年，欧盟委员会对谷歌以反垄断为由开出三张总计82亿欧元的罚单。2020年至2021年，欧盟委员会先后对亚马逊公司和苹果公司发起反垄断诉讼，并对Facebook开启反垄断调查。

3. 聚焦数字科技伦理监管

欧盟作为一个多国家集合体，各成员国在经济发展和监管政策领域存

在诸多差异。欧盟在科技伦理监管中既制定了全域内的伦理监管政策，又将相应的专业性监管权力赋予了欧盟成员国，实行欧盟整体和成员国两个层面的监管制度体系构建和机构设置，形成了以欧盟"整体政府"为基础的统筹式监管。

在欧盟科技伦理监管中，主要的政府主体包括欧盟委员会、欧洲议会、欧洲理事会、欧洲经济和社会委员会等。欧盟委员会制定科技伦理监管政策并成立科技伦理委员会，为监管提供指导和咨询。欧洲议会和欧洲理事会制定和审议科技伦理监管的相关法律法规，并在欧盟域内推行；欧洲经济和社会委员会对科技伦理现实情况开展调查和研究，为相关监管政策的制定提供有力支撑。

欧盟对数字科技的伦理监管一直走在世界前列，以大数据伦理监管为例，《通用数据保护条例》《数据保护执法指令》等在欧盟层面发挥统领和指导作用，同时允许成员国实施更加具体的监管政策。例如，爱尔兰、德国等成员国根据自身特点修订或制定了相关政策。其中，为了与欧盟的《电子隐私指令》中关于 Cookie 等技术的使用、数据缩小和个人数据隐私的监管保持一致性，爱尔兰发布了适用于本土的《电子隐私条例》，对原有的数据保护法律进行修订后形成了《2018 年数据保护法》，并设立了数据保护委员会。德国 2018 年发布《德国联邦数据保护法》，在《通用数据保护条例》的基础上进行了细化和补充，并基于欧盟《电子隐私指令》制定了《电信和电信媒体数据保护法》，规定了电信和电信媒体在数据保护上的原则，设置了隐私保护和用户同意权的相关条款。欧盟和成员国在两个层级上建立了完善的数字科技伦理监管体系，从而保障欧盟数字科技伦理监管政策的有效落地以及执行层面的一致性和协调性。

3.4 典型国家战略实践

3.4.1 德国：持盈与创新

德国是欧盟第一经济大国，长期以来以精密工程和高质量制造业闻名于世，在科技创新领域取得了令人瞩目的成就。德国拥有戴姆勒、西门子、大众、SAP 等诸多世界知名科技巨头，此外还有约 370 万家中小企业，这些中小企业产值占据了德国国内生产总值的 54%，二者共同奠定了德国作为世界制造业强国的坚实基石。

1. 集中与分散相结合的科技安全政策体系

德国科技管理模式注重"集中与分散相结合"。德国联邦议会和各州议会、政府负责制定在宏观层面上的科技创新、技术成果转化、教育体制创新、科技安全监管等框架规则，并监督其实施，为科技安全发展提供良好的外部环境。而各个高校、科研院所和企业则可以在半自治状态下享有独立决策权，负责各自的科研事务管理和运行。

1）持续深化的科技创新激励政策

自 1990 年东西德统一后，德国政府开始连续构建科技发展战略并辅以配套政策。2006 年以前，德国对于科技安全政策的设计以单一政策计划为主。默克尔政府执政后，德国联邦政府在 2006 年推出第一个国家层面的《高技术战略》法案，此后每隔四年便推出一份新的战略法案，直至 2018 年。

舒尔茨政府在2023年提出了《研究和创新的未来战略》以替代此前的《高技术战略》，并设定了三个目标：争取技术领先地位，提高技术竞争力；推进研究转移，实现基础理论研究与实际应用相结合；对技术更加开放，吸收优秀创意。《研究和创新的未来战略》预计到2025年全社会研发投入强度将达到3.5%（2021年为3.1%），研发人员数量和高技术部门的初创企业占比等指标也将有所上升。

2）聚焦安全利益，加强外商投资审查

1961年4月28日，德国联邦议会通过了《对外经济法》（AWG），同日，德国政府也颁布了《对外经济条例》（AWV）。这两部法律法规也是迄今为止德国国内针对外商投资活动最重要、最基本的法律依据。

根据德国《对外经济条例》的规定，德国联邦经济事务和气候行动部[1]（简称"联邦经济部"）为外商投资审查的主管部门，负责审查相关的交易。德国的外商投资审查可以分为两类，即特定行业审查（sector-specific review）和跨行业审查（cross-sector review）（见表3-3），这是德国外商投资安全审查特有的制度规定。两类审查的审查目的和所保护的法益有所不同。跨行业审查的目的在于确保德国和欧盟其他成员国的公共秩序或安全，特定行业审查的目的在于确保德国的基本安全利益。

---

[1] 德国联邦经济事务和气候行动部，是1949年成立的德国联邦政府部委之一。1998年与2002年改称"联邦经济与科技部"。2002年，该部与德国其他部委合并，组建联邦经济与劳工部。2005年，德国政府重新组建联邦经济和科技部。2013年，联邦经济和科技部撤销，调整组建"经济和能源部"，2021年再改组为经济事务和气候行动部。

表 3-3 《对外经济条例》审查机制

项　　目	特定行业审查	跨行业审查	
		敏感行业	非敏感行业
适用对象	普遍适用	非欧盟国家/非欧洲自贸区国家	
申报要求	主动申报		自愿申报
触发门槛	10%	10%或20%	25%
法律基础	《对外经济条例》第60~63条	《对外经济条例》第55~59a条	
审查标准	对德国核心安全利益有影响	对德国和欧盟其他成员国的公共秩序和公共安全产生影响	
审查结论	批准、限制或禁止交易	无异议	

特定行业审查程序适用于一切外国投资者,对欧盟/非欧盟国家或欧洲自贸区/非欧洲自贸区国家不做区分。特定行业审查的触发门槛相对较低,只要特定行业的外国投资者获得目标公司10%的投票权,便负有申报义务。跨行业审查的适用对象仅限于非欧盟或非欧洲自贸区国家。相较于特定行业,联邦经济部在做跨行业审查时适用的审查标准也有所不同,不再局限于审查其对德国的核心安全利益的影响,而是会审查该投资是否会影响德国或欧盟其他成员国的公共秩序和公共安全。

2. 聚焦中小企业发展,维护科技安全

为促进科技创新,保障科技自立,德国在人才教育、中小企业培育激励、知识产权保护、外资投资审查等领域实施了众多独具特色的政策,有效维护了本国科技安全。

1)高度重视教育及人才培育,促进科技创新

德国通过加大对高等教育与职业教育的投入,并进行学术与人才制度改革来促进科技创新。

一是通过立法与行政公约的方式促进高等教育投入,提升科研体系质量。在立法方面,德国自1971年起实施《联邦教育促进法》,资助学生教

育，促进教育机会的公平性，并不断修订使其利好需要资助的群体；在行政方面，2019年6月6日，德国科学联席会议出台了《研究与创新公约》《加强大学教学水平公约》《高校教育创新公约》三个重要的行政公约，三份公约计划在未来10年（2021年至2030年）内投入约1625亿欧元资金（10年总量约占2022年德国GDP的4.2%），以提高德国科研体系质量，增强德国科研水平、创新实力和国际竞争力。

二是大力推进职业教育，以数字化和高学历化为两大主要方向推动社会创新。在数字化方面，德国发布了《数字议程2014—2017》《数字战略2025》《数字化实施战略》等涉及职业教育发展的战略规划，重点推进数字能力培养、数字基础设施建设、改革培训章程规范和重点项目扶持四个方面。为推进职教数字化，推出了《"职业教育4.0"框架倡议》《职业教育中的数字媒体》等资助计划。在高学历化方面，德国逐步增强职业教育和高等教育之间的流动性，为职业教育打通上升渠道，促进其与高等教育相互渗透。创新高等教育模式，建立了介于纯粹学术型大学和职业教育之间的"双元制"大学，培育具备实践与理论能力的人才。2014年发布的《国家资格框架》和《欧洲资格框架》，将"师傅"证书[1]与大学学士学位列为同一级别，正式认可两者具有同等学力，提升了高等职业教育的地位。

三是开展学术与人才制度改革，强化人才引进与培养。德国通过发布《研究和创新的未来战略》等举措，推进高校及非高校研究机构的现代化治理，改善学术领域各层级的工作条件，以提升德国作为学术中心的吸引力。同时，加强国际人才引进，计划进一步优化移民法、加快移民程序来增加移民机会，以进一步提升德国作为移民国家的吸引力，在国际竞争中吸

---

[1] 德国的职业教育分为三个等级：首先是学徒，学徒（Azubi/Lehrling）是职业教育的起点，采用校企合作的模式培养，学徒通过培训合格后成为专业工人（Geselle），专业工人经过进一步培训合格即可成为师傅（Meister）。

引并留住人才。此外，加强国民数学、计算机、自然科学、技术等学科（MINT学科）的能力建设，尤其是加强数字能力和数据能力来强化人才的未来技能。

2）金融工具丰富多样，大力扶持中小企业创新发展

德国面对中小企业建立了系统的金融工具，以持续提供资金支持保障。目前，大型资助项目资金提供方主要包括政府、政府控股的德国复兴信贷银行（KFW）、欧洲研发计划（ERP）专项基金和欧洲投资基金（EIF）[1]等。

2017年7月，欧洲研发计划提出"数字化和创新贷款"计划，推进中小型企业的产品、生产过程、工作流程以及商业模式的数字化，服务对象为成熟的小企业和年营业额不超过5亿欧元的私人中型企业，每个项目的最高贷款额为2500万欧元。2019年，该计划取消了要求企业在市场上活跃时长超过两年的限制，进一步简化了准入条件。

2021年，德国联邦政府面向处于成长阶段且对资本要求高的初创公司启动了"未来基金"项目，德国联邦政府将提供100亿欧元，并带动其他私人投资机构为初创公司筹集至少200亿欧元的风险投资。同年6月，基于未来基金框架的"德国未来基金、欧洲投资基金增长基金"（GFFEIF增长基金）正式成立，预计将在十年内为初创企业提供35亿欧元的资金，该基金融资由未来基金、欧洲研发计划专项基金和欧洲投资基金共同出资。

3）知识产权保护体系健全，成果转化渠道成熟

德国知识产权保护体系和管理立法非常详尽且健全。德国除了制定《专利法》《商标法》《版权法》《实用新型法》《反不正当竞争法》等一系列

---

[1] KFW成立于1948年，80%的股份由德国联邦政府持有，剩下20%由州政府持有，主要用于支持私人、公司和公共机构的未来投资；ERP专项基金设立于1948年，其前身为用于德国经济重建的"马歇尔计划援助"资金，自1960年以来其用途逐渐转向促进中小型企业的发展；EIF由欧洲投资银行控股，是风险融资专业提供商，专为欧洲的中小型企业提供服务。

知识产权保护法,还特别设立了《雇员发明法》,明确保护职务发明。雇员在工作中要遵守《雇员发明法》的相关规定,将职务发明在公开发表前申请德国国内专利。德国的《雇员发明法》比其他国家相关法律法规更详细,力求平衡发明人雇员和雇主之间的利益,最大限度保护和激励发明创新。

在知识产权向生产转化方面,德国的三大科研机构:马普学会、弗劳恩霍夫协会、亥姆霍兹联合会,都设有成果转化服务与管理部门。德国著名的创新型高校慕尼黑工业大学设立了专门的科技专利与许可办公室,负责对科研成果及科研专利进行专业性评估和申报,并协助科研人员协调商务谈判中的许可、保密方案、并购等相关事宜,将科技创新成果推向市场。

4)广泛开展外资投资审查,维护技术安全

德国联邦经济部主要基于《对外经济条例》开展外商投资审查。自2017年以来,联邦经济部启动的外商投资审查程序逐年增加。仅2021年,就处理了近300个外商投资审查程序,其中大多数的交易在初审中便已获批。总体而言,被禁止的交易属于少数特例。

近年来,受国际竞争态势影响,德国对中国对德投资开展了广泛审查。如2016年美的集团对库卡集团(Kuka AG)的公开邀约收购引起了德国政府的关注,联邦经济部积极寻找本土的"白衣骑士"阻止美的集团入主库卡公司;同年,中国芯片投资基金对德国半导体公司爱思强(Aixtron SE)的投资也引起了广泛的关注与讨论,最终在美国的干预下被叫停;2020年12月,中国航天工业发展股份有限公司试图收购德国IMST GmbH,被联邦经济部以"交易可能会影响到德国技术主权和公共安全"为由禁止。

> **专栏　北京谊安医疗集团对德国 Heyer Medical AG 收购案**
>
> 德国呼吸机生产商 Heyer Medical AG 于 2018 年陷入危困，濒临破产。北京谊安医疗集团于 2020 年 3 月完成了对德国 Heyer Medical AG 的收购工作，在新冠疫情背景下，Heyer Medical AG 营收大增，2020 年营业额达到 4200 万欧元。2022 年 4 月，联邦经济部于交易交割完成 2 年后主动启动外商投资审查程序，以该交易可能影响德国的"公共秩序和安全"为由禁止该交易，要求交易双方撤销收购协议并恢复至交割前状态，禁止了北京谊安医疗集团对德国呼吸机生产商 Heyer Medical AG 的收购。

3.4.2　法国：绿色与重振

法国是一个中央集权的单一共和政体国家，全国行政结构分为中央、大区、省、市镇或市镇联合体四级，科技投入和科研活动由政府统一管理。其科学技术发展总体水平位居世界前列，特别是在航天、能源、材料科学、空间技术等领域具有世界领先水平，在尖端工业、农产品加工业及服务业等领域具有较大比较优势。

1. 健全完整的科技管理体系

法国在科技方面取得的卓越成绩离不开其健全完整的科技管理体系。法国的科技管理体系包括咨询评议机构、管理与决策机构、公共资助机构和研究执行机构四部分，如图 3-7 所示。

其中，国家科学与技术高等理事会和法国议会科学技术选择评估局作为主要咨询评议机构，为政府科技战略规划决策提供咨询建议；高等教育与研究部是科技政策和规划的主要制定部门；法国科研署、法国创新署集团（Oséo）按照科研领域和创新主体为研究执行机构提供资助；研究执行机构包括公共部门、私营部门、竞争力集群、卡诺研究所等。

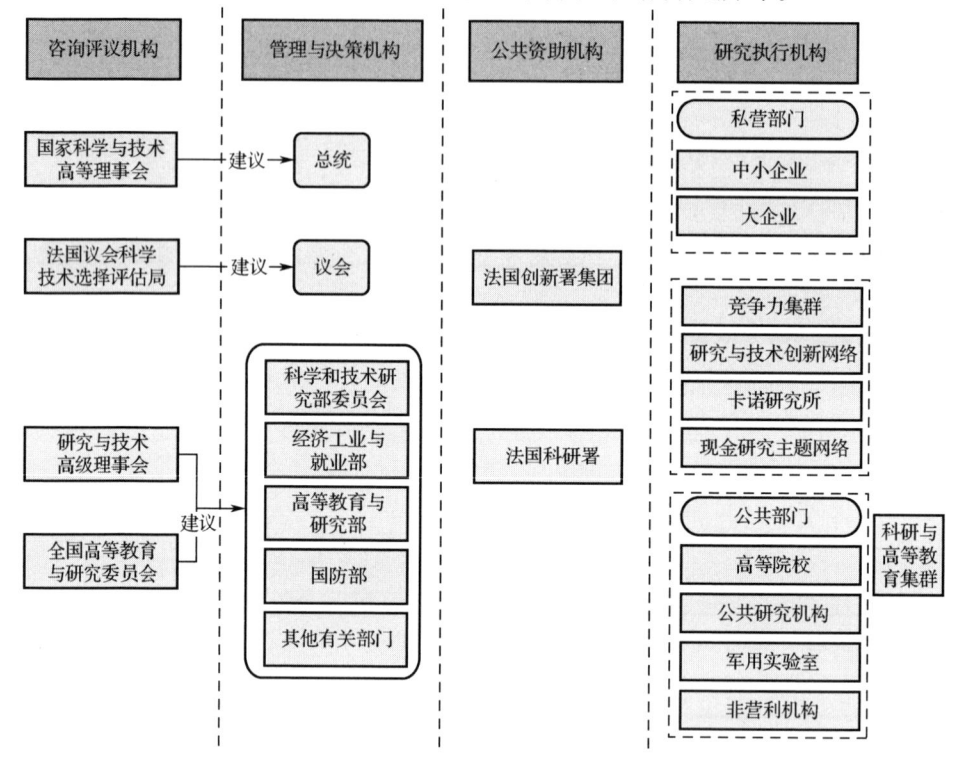

图 3-7 法国科技管理体系

21 世纪以来，法国相继制订了一系列科技计划，并取得了丰硕的科技成果。其中最具代表性的四项科技计划包括竞争力极点计划、未来投资计划、新工业法国计划、未来工业计划。此外，2005 年为应对全球竞争挑战，法国政府推出一项重塑国家产业竞争力的创新政策——"竞争力集群"计划，成功打造了一批具有国际竞争力和领先地位的创新集群。

2. 聚焦绿色转型发展，保障科技安全

法国高度重视科技安全，在科技创新激励、绿色转型发展、开展投资审查维护技术安全等方面制定了诸多计划、法案，形成了特色鲜明的科技

安全防护体系。

1）强化科技基础设施和人才队伍建设，夯实创新基础

2020年11月，法国通过了《2021—2030研究计划法案》，旨在提振本国科学研究事业、捍卫国家科技主权及世界科技强国地位。从研发投入来看，法国政府将在未来十年内以逐年递增的方式向公共研发领域增加250亿欧元的财政预算，以确保到2030年实现研发经费投入占比超过GDP 3%的目标。一是逐年提高竞争性基础研究项目资助规模。以2020财年预算为基准，力争2027年起实现向法国国家科研署稳定增加10亿欧元资助的目标，将项目资助率由2016年的16%提升至2030年的30%；二是加大对科技基础设施的建设力度。优先发展物理、化学、地球科学、生命科学以及与大数据开放与使用等相关领域；三是扩大科研人员规模。在维持现有人员编制的基础上，允许国立科研机构和高等院校逐年扩编，主要用于招聘技术型人才（博士、博士后和工程师）以及研究型人才中的初级教授等。

2021年10月12日，法国总统马克龙发布"法国2030"（France 2030）创新计划，旨在重振法国工业，推动科技创新，构建创新大国。该计划投资540亿欧元，通过技术创新和工业投资，可持续地改造国民经济的关键行业，如人工智能、半导体、农业技术、绿色工业、氢能、低碳飞机、核电、太空等，以使其具有竞争力，从而应对技术和环境挑战。

2）推动绿色转型发展，支持本土工业研发项目

自2023年以来，法国科技安全政策的核心导向是绿色转型，出台了一系列政策，包括支持生物燃料产业，促进高排放量工业企业脱碳，大力支持本土绿色技术研发等。2023年6月，法国总统马克龙宣布了一系列投资计划，决定自2024年开始投资发展低碳航空交通，包括生产更低排放的商业机型，并在本土建立生物燃料产业，并计划到2027年为此提供85亿欧元资金。

2023年10月，法国通过"绿色工业法案"，并计划投资10亿欧元，

推动风电、光伏、热泵、电池和氢能等五大脱碳技术发展。同年11月，法国政府与55家法国碳排放最高的企业签订脱碳"转型合同"，企业承诺到2030年将碳排放量减少45%，目前这些企业的碳排放量占法国工业排放量的60%，占总排放量的12%。

3）升级外资投资审查，维护技术安全

2020年，法国政府以"保护敏感产业和企业"为由，将触发审查的外资持有上市公司股比门槛由25%临时降至10%，随后多次延期。2023年12月29日，发布了关于外国在法投资的第2023—1293号政令，该政令于2024年1月1日起生效。政令主要内容包括：一是将触发审查的外资持有上市公司股比门槛由25%永久降至10%；二是明确被收购企业不仅限于法国本地公司，还包括在法国注册登记的外国公司；三是将关键原材料开采、加工和回收等业务纳入审查范围。

3.4.3 荷兰：前瞻与协同

荷兰在高科技设备、软件和材料领域处于世界领先地位，每年的研发投入超过20亿欧元，拥有超过40万名科技从业人员。凭借充满活力和竞争力的创新生态，荷兰不仅发明了蓝牙、Wi-Fi、CD和DVD等技术，还在显微镜、导航系统等多领域贡献了技术解决方案和经验。荷兰的科技企业在全球赫赫有名，如半导体领域的ASML、ASM、恩智浦，照明领域的飞利浦，航天系统的福克公司，商用汽车品牌达夫以及GPS系统的TomTom等，都是在各自领域极具影响力的科技巨头。

1. 重视战略前瞻的科技安全政策体系

荷兰科技安全政策的制定由两个部门负责：教育、文化和科学部负责科学政策；经济事务部负责创新政策。政府通过资助、立法和与该领域对话三种方式在科学政策中发挥作用。

荷兰政府高度重视科技创新战略的前瞻性和有效性，在2011年制定的"优先产业"（Top-Sector）政策中，将具有长期优势和战略重要性的行业作为国家重点支持和发展的行业，包括水资源、农产品、园艺、高技术、生命科学、化学、能源、物流和创意产业。此外，荷兰政府于2014年出台了《2025 科学展望——未来的选择》政策报告，提出要使荷兰科学处于世界一流水平、强化科学与社会和产业的联系、使荷兰科学界成为人才温床的目标，并研究了荷兰科学保持国际领先地位的各种可能方法和途径。这两个根本性的科技创新政策为荷兰的科技创新奠定了良好的基础，并取得了良好的效果。

2．聚焦创新生态培育，保障科技安全

荷兰长期保持着可持续且领先的创新，其"金三角"模式闻名全球。在创新意识、创新精神、创新人才队伍建设等方面，荷兰拥有众多成功理念和实践经验。同时，荷兰在国际半导体竞争中占据关键地位，其产业管控政策调整频繁，影响深远。

1）发扬"金三角"模式，构建创新生态

荷兰高度重视协同创新，即政府、高校、企业等众多创新主体协同合作，形成互相支撑的"金三角"模式。该模式主要有三个特点。

一是政府角色定位准确，高度重视顶层设计。在科技管理方面，政府只采取宏观调控的方法，靠税收、补贴、经费投入等政策工具来引导和鼓励科技发展的方向；在战略引导方面，政府只设立基本的研究要求，负责创造合作氛围，具体战略和议程由企业、和研究机构共同参与。为实现战略目标，政府始终强调企业的关键性作用和"金三角"结构的重要性。

二是注重产学研合作共赢，鼓励和支持校企合作。荷兰几乎所有的研究型高校和实用型高校都与私营企业合作，合作企业包括跨国公司和本土中小型公司。合作内容涵盖研发、培训、咨询及科研成果转化应用。合作方式涵盖项目合作、研发合作、机构合作等。荷兰大学50%的科研课题和经费都来自企业。政府积极鼓励高校等科研机构的科研人员创办高新技术企业。

三是注重衔接桥梁的搭建，推进成果转化应用。荷兰依托各类独立的科技信息研究与服务机构（也称情报型研究机构）连接产学研各方。第一类是科技情报搜集机构，如荷兰科技政策研究所，主要收集社会民生、经济发展中最需要用科技来解决的问题，提出建议以支撑政府科学决策，避免科研与生产脱节；第二类是科技情报匹配机构，面向政府、企业提出技术创新需求，通过对学术论文、技术专利、科技报告、科研项目信息的深度挖掘，定位能够实现需求的科研单位和科研人员，对接供需双方实现合作；第三类是科技情报推广机构，主要负责对科技成果进行后续试验、推广和普及，不断将潜在生产力有效、有序地转化为现实生产力。

2）重视创新人才培养，提升创新活力

荷兰的老龄化问题非常严重。2023年，荷兰65岁以上人口比例达到20.2%，其中80岁以上人口达到了老龄人口的1/4。面对人口老龄化带来的劳动人口减少等问题，荷兰自21世纪以来，持续推动教育改革，推行"终身发展"理念，积极吸引移民定居。据统计，2022年荷兰移民达到了440万，约占总人口的1/4。

荷兰拥有世界领先的教育与培训体系，建立了研究型大学与应用科技型大学互补互促的高等教育体系，所有研究型大学和应用科技型大学与国外机构合作，共同参与欧盟的区域合作项目。频繁的国际合作不仅提升了荷兰大学的知名度和竞争力，也成为吸引外国留学生重要因素。根据荷兰教育国际交流协会的统计数据，25%的国际留学生毕业后5年仍留在荷兰，这些国际人才为荷兰经济创造了至少 15.7 亿欧元的价值。

3）配合欧盟管制政策，收紧半导体出口

荷兰在全球半导体价值链中发挥着关键作用。鉴于技术发展和地缘政治背景，近年来荷兰持续对先进半导体技术的出口管制框架进行补充。2022年12月1日，荷兰发布了半导体技术出口管制补充战略框架，并确定了三个战略目标。

（1）防止荷兰商品导致不良最终用途，如军事部署或大规模杀伤性武器；

（2）防止不良的长期战略依赖；

（3）保持荷兰的技术领先地位。

荷兰政府并不是孤立地开展出口管制，而是从更广泛的半导体价值链加强管制。如基于荷兰《安全评估（投资、并购）法》及知识产权相关法规加强投资审查。同时，在欧盟层面，助推《芯片法案》通过，以刺激半导体行业的发展。

专栏　荷兰先进半导体设备的额外出口管制规定
2023年6月30日，荷兰政府颁布了有关先进半导体设备的额外出口管制的新条例，限制光刻机、ALD 原子层沉积、EPI 外延、等离子增强沉积等物项出口，相关产品出口到欧盟以外的目的地将实行事先许可规定，该条例 2023 年 9 月 1 日生效。

【总结分析】

欧盟是世界上一体化程度最高的区域性国际组织，存在欧盟委员会和成员国双层主体结构。其科技安全政策的制定和实践不仅需要在欧盟基本价值观与新兴技术发展之间寻找平衡，同时还需要协调各成员国国家安全和利益与欧盟整体的安全和利益之间的关系。因此，欧盟的科技安全战略面临着诸多问题，包括政策执行内部协调一致难、欧元通货膨胀及市场融资推高债务问题掣肘长期规划执行、远期战略规划难以解决短期产业难题、保护主义推升国际科技竞争态势等。

为了保障科技创新的全球竞争力并维护自身科技安全，欧盟采取了一系列措施。一是紧跟全球科技创新发展趋势，优化科技创新体系。持续开展以"地平线欧洲"框架计划为代表的研发支持计划，大力推进科技创新。设立欧盟创新理事会，研究推动新兴技术的加速转化，投资孵化创新型初创企业，培育欧洲的科技"冠军企业"。二是追求"技术主权"，寻求开放性战略自主。在全球范围内引入更多合作伙伴，重塑关键领域供应链网络。尤其在核心关注领域，追求技术知识、基础设施和应用市场的价值链全链条掌控，旨在培育独立的技术生态，维护对外保护性和内部自主性的统一，保障欧盟利益的最大化。三是凸显"安全至上"趋势，加强技术和产业保护。欧盟的一系列竞争政策、绿色壁垒、外国投资审查、技术出口限制等法规，在欧盟层面和成员国政府层面，均形成了对科技交流及经贸往来的强势干预，事实上已经造成对竞争方的排斥和歧视，其科技安全政策工具的保护主义倾向越发显现。

第 4 章
美国战略实践：强势与领先

美国是世界头号科技强国，第二次世界大战后，其在科技领域一直处于世界领先地位。美国在 2023 年全球创新指数报告中排名全球第 3 位，并且在全球企业研发投资者等 13 项关键指标上均排名世界第 1 位。此外，波士顿咨询集团（BCG）发布的 2023 年度全球最具创新力的 50 家企业中有 25 家美国企业。2023 年度泰晤士高等教育世界大学排名前十位的高校中有 7 所美国高校。美国在科技领域的领先优势为其维护经济和军事领域的强势地位提供了重要保障。近年来，美国在科技领域与以中国为代表的后发国家之间的国际竞争越发激烈，维护其在科技领域的领导地位成为当前美国科技安全战略的主要价值取向。在此背景下，美式技术民族主义快速兴起，强调以控制供应链为目标，从国家竞争或对抗的角度采取战略行动，并对特定国家实施"国别歧视"，这对世界科技发展造成了巨大影响。

4.1 构建协同合作、与时俱进的组织架构

美国建立了由国家科学技术委员会、白宫科技政策办公室和总统科技

顾问委员会组成的科技安全协调机构，与国家科学基金会等共同组成科技资助体系，并与时俱进不断完善组织架构以应对科技安全新形势新发展需求。

4.1.1　打造联邦政府统筹的管理架构

美国总统集中了国家科技活动的最高决策权和领导权。白宫设有总统科学顾问委员会和白宫科技政策办公室，为总统提供科技事务咨询，协助总统处理全国科技问题。白宫科技政策办公室和国家科学技术委员会参与协调联邦科技活动，确定优先事项并分配预算。白宫科技政策办公室主任对联邦机构或管理和预算办公室无直接权限。白宫科技政策办公室与管理和预算办公室参与预算过程涉及以下四个方面。

（1）白宫科技政策办公室与管理和预算办公室确定总体优先级；

（2）代理管理和预算办公室编制预算建议；

（3）与管理和预算办公室进行代理谈判；

（4）参与总统和管理和预算办公室主任的最终预算决定。

美国行政体系也对科技安全负有职责。美国行政系统科技体系基本框架（如图 4-1 所示）形成于 20 世纪 60 年代，最高协调机构是国家科学技术委员会（National Science and Technology Council，NSTC）、白宫科技政策办公室（White House Office of Science and Technology Policy，OSTP）和总统科技顾问委员会（President's Committee of Advisors on Science and Technology，PCAST）。此外，有 6 个主要部门和机构组成资助体系：国防部、国立卫生研究院、国家宇航局、能源部、国家科学基金会和农业部。

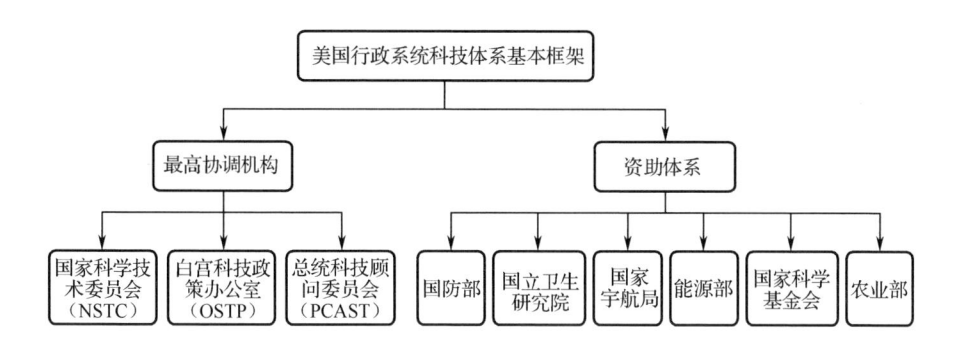

```
                    美国行政系统科技体系基本框架
                              |
              ┌───────────────┴───────────────┐
          最高协调机构                      资助体系
              |                               |
    ┌─────────┼─────────┐       ┌────┬────┬────┬────┬────┬────┐
  国家科学  白宫科技  总统科技   国防部 国立卫生 国家  能源部 国家科学 农业部
  技术委员会 政策办   顾问委员会        研究院  宇航局       基金会
  （NSTC）  公室     （PCAST）
          （OSTP）
```

图 4-1 美国行政系统科技体系基本框架

国家科学技术委员会（NSTC）、白宫科技政策办公室（OSTP）及总统科技顾问委员会（PCAST）堪称美国政府科技咨询的"三驾马车"，这些机构的设立和运作为美国科技发展和国家战略提供了强有力的支持和保障。美国科技安全机构职能及构成如表 4-1 所示。

表 4-1 美国科技安全机构职能及构成

机构	职能	构成及成员
国家科学技术委员会（NSTC）	内阁级，为总统服务，负责协调大规模的跨部门科技计划，确保总统目标的贯彻和执行	成员由副总统、OSTP 主任、具有重大科学与和技术责任的内阁秘书和机构负责人以及其他白宫办公室负责人组成。NSTC 下设科技企业、环境、国土和国家安全、科学、STEM 教育、技术六个委员会，此外还包括两个特别委员会：研究环境联合委员会、人工智能特别委员会
白宫科技政策办公室（OSTP）	就与科学和技术有关的所有事项向总统和总统办公厅提供建议，与联邦政府各部门和机构以及国会合作制定科技政策，与管理和预算办公室就联邦研究发展向总统提供建议预算	自 1976 年以来，OSTP 一直负责管理科技政策制定和咨询机制。OSTP 由主任办公室和六个核心政策团队组成：气候与环境、能源、健康与生命科学、国家安全、科学与社会，以及美国首席技术官
总统科技顾问委员会（PCAST）	PCAST 与总统关系密切，响应总统、副总统和 NSTC 的请求，提供有关联邦计划的反馈，并就具有国家重要性的科学和技术问题积极向 NSTC 提供建议	成立于 1990 年，成员是总统任命的杰出人士，来自工业、教育和研究机构以及其他非政府组织。平均每年举行四次公开会议。理事会成员没有任期限制

NSTC 具有内阁地位，为总统服务，跨行政部门协调科学技术政策的决策，确保总统目标的贯彻和执行。NSTC 主要职责包括：协调各部门制定科技政策、确保科技政策和规划与总统的政策重点保持一致，统筹整个联邦政府的总统科技政策议程，确保在制定和实施联邦政策与计划时考虑到相关科技问题，促进国际科技合作。

OSTP 的主要职责包括三个方面：一是为总统和总统办公室提供与科技相关的建议；二是与国会和其他联邦政府机构合作，共同制定与科技相关的宏伟目标、统一战略、明确规划、明智的政策和有效且公平的项目；三是与机构外部伙伴开展合作，包括工业界、学术界、慈善组织，各州、地方、部落和地区政府以及其他国家，努力确保科技各个领域的包容和诚信。

PCAST 成员由总统任命，多是"在科学、技术和创新方面有不同见解和专长的非政府成员"，主要负责涉及科学、技术和创新的政策事项，并就涉及科技事项向总统提供咨询意见。报告和信函是 PCAST 为总统提供建议的官方机制，通常由小组撰写，并由 PCAST 整体批准。

美国国家科学基金会（National Science Foundation，NSF）是美国独立联邦机构，也是美国最重要的科学决策机构之一，它的中长期科学研究投资方向将影响全球科学发展。在数学、计算机科学和社会科学等许多领域，NSF 是联邦政府支持资金拨付的重要渠道。2022 财年，NSF 年度预算 88 亿美元，提供资金约占联邦政府基础研究支持资金的 25%。

同时，美国国会设有专门委员会负责科技安全。如众议院设有科学、空间和技术委员会，参议院设有商业、科学与运输委员会。国会通过其对全国科学技术的立法权、大型科研项目的拨款权、政府各部门科研经费的审批权来保障科学技术的发展。在科技政策制定和执行过程中，政府制定科技预算，向国会提出立法建议，国会则负责最终审批预算并且通过立法决定各项科技政策的框架，政府是各种法案的具体执行者。

4.1.2 构建以革新为目标的组织机构

近年来，美国政府不断加强对科技发展的重视，并对组织体系进行深刻调整，以优化关键职位和机构，促进科技战略执行。

一是创设新职位落实政策实施。2009年，时任总统奥巴马创设首席技术官职位，任命维吉尼亚州的技术部长阿尼什·乔普拉为首任官员，同时领导OSTP。此举被分析人士称为美国政府21世纪最好的创新之一，充分彰显了科技在美国内政外交政策中的重要地位。2021年，拜登上任后再次创新，将首席技术官地位提升至内阁级别。

二是增设新政府机构以应对新形势。国务院新增设下属新机构"网络空间和数字政策局"（Bureau of Cyberspace and Digital Policy，CDP），旨在帮助"解决网络和新兴技术的外交问题"，确保将价值观"纳入美国网络空间和数字政策中，推进能持续支撑美国价值观的数字技术愿景"。2022年6月，拜登提名内特·菲克为大使，领导CDP。这些机构和人员配置充分凸显了拜登政府推进网络空间外交的政策取向。

三是成立咨询机构以防范科技风险。在人工智能方面，2018年，国防部国家安全委员会成立了人工智能国家安全委员会；2021年，商务部成立了人工智能咨询委员会；2022年，人工智能咨询委员会成立了五个工作组。在量子技术方面，2020年美国成立了量子计划咨询委员会，2022年拜登政府将量子计划咨询委员会直接归属于白宫管辖。此外，国防部还通过建立新兴能力政策办公室，制定与人工智能、高超声速等新能力有关的政策，将新技术整合到国防部的战略、规划中，加快新兴能力的部署。

未来，根据新美国安全中心（CNAS）的建议，美国将持续改善商务部职责划分与架构重组、整合相关机构促进科技政策协调和实施、设立专门机构协同盟友科技合作等方面。

4.2 搭建系统完善、平衡兼顾的政策体系

当前美国建构的"国际秩序"正被多边主义挑战，美国科技安全政策从促进发展向"再安全化"转变，并逐步完善形成自内而外、从下到上，兼顾多方的科技安全防护网。

4.2.1 重塑安全为基、创新发展的政策体系

美国科技安全政策经历了基础阶段、成熟阶段和战略变革阶段三个主要阶段。

1. 基础阶段

20世纪80年代起，美国陆续出台了一系列科技发展政策文件和法律，推动科技安全的发展，并逐步建立了科技安全体系，从而推动产业发展。美国基础阶段科技政策发展过程如图4-2所示。

图 4-2 美国基础阶段科技政策发展过程

1989年，美国商务部发布《新兴技术》，包含12个技术领域，后来成为制定"先进技术计划"的重要基础文件。

1990年，布什政府发布《美国科技政策》，包括六项内容：大力支持私人部门研发新技术、加强基础性教育和学习培训、及时明确政府责任、转让相关技术、充分认识到分散化的意义、支持各州根据其优势进行重点发展。这是美国在联邦政府层面制定的首个综合性、全面性科技政策，并且首次将加大科研投入纳入国家技术政策。

1990年4月，美国联邦政府成立"国家关键技术委员会"，根据法律规定，在2000年以前，必须每两年向总统和国会提交国家技术报告，并明确指出这些技术领域应对美国国家安全和经济社会发展产生长期影响。美国白宫科技政策办公室分别于1991年、1993年和1997年发布了三版《国家关键技术》。

1993年2月，克林顿政府发布《促进美国经济增长的技术：增强经济实力的新方向》，强调包括提升科技竞争力、完善创新体系构建、促进投资的商业环境、加大政府各部门对技术管理的协调力度。他特别指出，在政府、企业与高等院校之间必须建立起更加紧密的合作机制，将国家科技创新的发展重点转向电子信息、高端制造和环境保护等与商业和经济紧密联系的关键技术领域，确保推动新兴技术进步，保障基础性研究。

2006年2月，布什政府发布《美国竞争力计划：在创新中领导世界》，提出两项目标：在基础研究领域要领先全球、在人才和创造力方面要领先全球。为了达到目标，布什政府制定了四条针对性措施：对基础研究的投资加倍，做到永久性税收减免，加强学校的数学、科学等学科教育，加强对劳动工人的教育培训等。

2007年5月，美国参议院通过《美国竞争法》，将创新能力和战略竞争力提升到法律的高度。

2. 成熟阶段

进入21世纪以来，美国从构建完善国家科技创新体系的视角出发，分别于2009年、2011年、2015年连续三次发布《国家创新战略》，系统规划部署创新战略和科技政策，标志美国科技安全进入成熟阶段。美国成熟阶段科技政策发展过程如图4-3所示。

```
2009年                 2010年          2011年   2012年        2015年              2016年            2017年        2021年
《国家创新战略》    《复苏法：通过创新   《国家创   《美国竞   《国家创新战略》   《21世纪国家安全科技   《国家安全战略》   《2021美国创新与竞争
《2009年美国复苏与   改变美国经济》     新战略》  争和创   《美国国家安全战略》  与创新战略》                     法案》《2021战略竞
再投资法案》                                  新能力》                                                      争法案》《2021应对
                                                                                                         中国挑战法案》
```

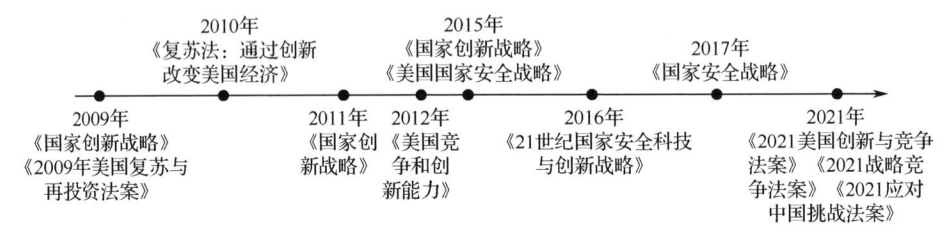

图 4-3 美国成熟阶段科技政策发展过程

2009年2月，美国政府发布《2009年美国复苏与再投资法案》。政府计划在十年内投入约7870亿美元，其中将1080亿美元作为激励科技研发创新的专项资金。

2010年8月，美国政府发布《复苏法：通过创新改变美国经济》。政府将在十年内创建4个更新兴、更有效的经济领域，包括现代交通、先进车辆和高速铁路；通过风能和太阳能加速可再生能源的发展；通过宽带、智能电网和医疗信息技术等投资，搭建私营部门科研创新平台；投资医学创新研究。

2012年，美国商务部发布《美国竞争和创新能力》报告。报告提出数十项建议，包括增加政府对基础科学研究的投入；加大对企业税收优惠政策的落实力度；加速基础成果的商业转化；强化科学、技术、工程和数学教育；扩大应用无线通信的频谱资源；加强各类数据的开放共享；加大政府对制造业的支持力度；持续强化区域创新中心建设；持续推动产品出口；积极营造有利于企业发展的创新环境。

2016年5月，美国总统科技助理、白宫科技政策办公室主任签发了《21世纪国家安全科技与创新战略》。这是美国首次针对国家安全制定的科技战略，以支持2015年《美国国家安全战略》提出的安全、繁荣和国际秩序的美好愿景，同时指出新形势下国家安全、科技创新体系的机遇、挑战和举措。美国《关键与新兴技术国家战略》框架如图4-4所示。

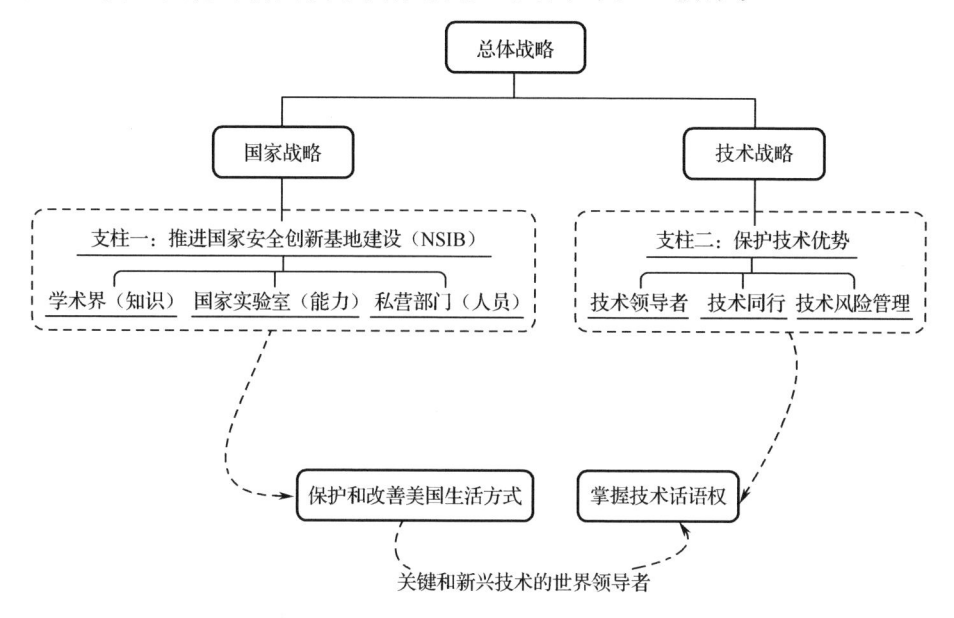

图 4-4　美国《关键与新兴技术国家战略》框架

3. 战略变革阶段

国际多边主义兴起，发展中国家日益壮大，美国安全战略开始转向调整，进入"再安全化"的战略变革期。

2017年底，美国政府发布《国家安全战略》，指责中国"窃取美国知识产权"，要求限制中国在敏感技术领域的并购。此后，美国以"维护国家安全"名义加强了对中美科技贸易、投资和人员交流的限制，采取对华"脱钩"和"施压"策略，并加大对多个兴起和发展的新兴技术的投入。从战略走向上来看，美国从强调技术的商业属性转向强调技术的安全属性，增强了国家在科技创新中的主导性作用，加大了政府对市场的干预。这一战略与冷战时期美国的科技战略有高度的相似性，是将维护科技领先地位等同于维护国家安全，将科技的发展进行"再安全化"。拜登政府上台后，不仅延续了这一战略走向，还采取了更加全面的刺激性政策来增强美国的科技竞争力。2021年6月，美国参议院高票通过了《2021年美国创新与竞争法案》，该法案源自特朗普执政时期提出的《无尽前沿法案》，并整合了《2021战略竞争法案》《2021应对中国挑战法案》等多个涉华技术竞争法案。根据法案主要提议人查尔斯·舒默描述，这是美国政府"近几十年来对创新与生产作出的一次最大规模的投资"。具体而言，美国前后两届政府从科技制度、科技政策和科技外交三个方面进行了重大调整。

一是改革国家创新体系和强化技术保护制度。战略调整始于制度，目的是从体系层面为新政策的实施提供保障。美国国家创新体系是一种存在于政府、私营科技企业、风险投资公司、大学和研究机构等创新主体之间的网络型协作体系，是美国科技创新发展的生态系统。在中美技术竞争时代，美国科技战略的"再安全化"不是复制冷战时期国防部门主导的科技发展模式，而是以一种"全政府模式"动员全社会资源来促进技术创新，具体体现为加强联邦政府内部合作、府会合作、军民合作、公私合作等多个方面。首先，加强联邦政府内部自上而下的科技决策领导，并通过设立委员会或跨部门机制来加强政府部门间的横向协调。其次，加强联邦政府与国会之间的合作，强化政府对国会的科技报告制度等。再次，增强军民合作，促进先进民用技术转化为可应用的军事技术。最后，加强国家创新主体与不同的市场创新主体之间的公私合作。

二是加大科技创新与生产资源的投入。除了在制度上作出调整，美国科技战略变革还体现为制定有计划性的科技政策，加大政府对科技发展的财力、人力和生产资源的投入。美国科技政策大多不是靠行政命令，而是以法律形式来推动，美国国会掌握着科研经费的控制权。因此，《2021年美国创新与竞争法案》将成为支撑美国科技政策实施的重要法案。首先，在财政资源方面，联邦政府研究机构的科研经费持续上涨。其次，在人力资源方面，加大科学、技术、工程和数学（STEM）教育资助，扩大美国科技人才队伍。最后，在生产资源方面，美国政府正通过各种政策手段加大制造业投入，刺激美国跨国公司将生产制造环节转移回本土，促进科技产业链回流。

三是强化对华技术打压与构建科技联盟。除了在国内进行制度改革和政策调整，美国还积极联合盟友打压技术崛起国，并在关键技术领域构建科技联盟。在技术研发和生产已高度国际化的背景下，美国很难再对技术国际标准、生产和供应体系进行垄断，必须借助他国来压制竞争对手。首先，半导体芯片是现代数字技术的基础，成为拜登政府的首要关切。其次，在医药领域，美国正利用疫苗研发和供给优势影响盟友，构建疫苗供应链联盟。再次，电池和电动汽车也是拜登政府重点关注的技术领域。移动电池为电动汽车、电子设备、国防军事设备提供动力，也是构建国家电力系统的基础设备。最后，在稀土领域，美国加大与澳大利亚等国的生产和加工合作，以降低对中国稀土的进口依赖。

总体来看，美国正在通过对内改革科技创新体制、加强技术保护制度、增加政府的资源投入来促进科技创新与发展。对外，美国正依靠其盟友体系，构建排他性科技联盟。美国科技战略正在进行全方位的调整。

4.2.2 建构复杂联动、日臻完善的安全网络

经过多年发展，美国科技安全政策法规逐步完善，覆盖了网络安全、数据安全、出口管制、科技创新、知识产权保护、国际合作等多个方面，共同建构科技安全体系。

1. 科技安全法律体系

美国主要网络安全政策法规如表 4-2 所示，包括《计算机欺诈和滥用法》《电子通信隐私法》《关于改善国家网络安全行政令》《关于改善国家安全、国防和情报系统网络安全备忘录》《联邦网络劳动力轮岗计划法》《州和地方政府网络安全法》《美国网络安全战略》等，这些法规旨在保护网络系统免受黑客攻击和非法入侵。

表 4-2　美国主要网络安全政策法规

名　称	发布时间	主要内容
《计算机欺诈和滥用法》	1984 年	旨在打击危害联邦利益的计算机入侵犯罪，伴随着互联网的发展，美国国会多次修改该法案，扩大其适用范围以保护私人计算机网络安全。在保护对象方面，最初该法案仅保护"联邦利益计算机"，但在 1996 年立法修改后，范围扩大到了任何用于或影响州际以及国外商业或通信的"受保护计算机"；在保护范围方面，任何未经授权或者超出授权范围而故意访问受保护计算机，并获取来自任何受保护计算机信息的行为都将受到制裁
《电子通信隐私法》	1986 年	该法案是一项联邦法令，旨在禁止未经授权的第三方截取或泄露通信内容。其最初作为对 1968 年有线监听法的修正案，适用于政府雇员及私人个体，旨在保障通信的存储及传输。后被 1994 年的通信协助执行法案、2001 年的美国爱国者法案以及 2006 年的美国爱国者法再授权法案所修正
《关于改善国家网络安全行政令》	2021 年 5 月	要求加强网络安全政策指导，增加政府与私营机构的合作；加强网络空间威胁信息共享以及防范网络安全事件；实施零信任架构，加快云服务安全化，推进网络安全方法现代化；增加商业软件开发的透明度，加强网络供应链安全；设立网络安全审查委员会，加强对重大网络事件、威胁活动、漏洞修复和机构响应等活动的审查和评估等
《关于改善国家安全、国防和情报系统网络安全备忘录》	2022 年 1 月	明确国家安全系统网络防护要求；授权国家安全局制定相关标准，制定相关操作指令；加强国家安全系统风险感知能力；制定云系统网络安全事件响应框架，规范网络安全事件处理流程；发布新版网络安全政策；并列出相关豁免情况

续表

名 称	发 布 时 间	主 要 内 容
《联邦网络劳动力轮岗计划法》	2022年6月	允许网络安全专业人员通过轮岗的形式接触多个联邦机构，以提高其专业知识水平。法案还要求人事管理办公室（OPM）每年向政府雇员发放清单，列明可供选择的空缺职位
《州和地方政府网络安全法》	2022年6月	为改善国土安全部与各州及地方政府在网络安全方面的协同能力，该法案要求负责协调联邦政府网络安全态势的国家网络安全与通信集成中心（NCCIC），与各州、地方、部落及地区政府共享安全工具与协议
《美国网络安全战略》	2023年3月	围绕"建立可防御、有韧性、符合美国价值观的数字生态系统"愿景，从"重新平衡保卫网络空间责任""重新调整激励措施以进行长期投资"两方面出发，提出实现美国国家网络安全战略目标的5大支柱及具体27项举措

美国主要数据隐私与保护政策法规如表4-3所示，包括《加州消费者隐私法案》《加州隐私权法案》《美国数据隐私和保护法案》等，旨在保护消费者和儿童的在线隐私。

表4-3 美国主要数据隐私与保护政策法规

名 称	发 布 时 间	主 要 内 容
《加州消费者隐私法案》	2019年9月	第一条主要规定了适用范围及效力、特殊术语定义；第二条具体规定了不同场景下对消费者的通知要求；第三条规定了处理消费者请求的具体商业实践；第四条规定了如何验证消费者请求；第五条为针对16岁以下消费者的特殊规定；第六条为反歧视规定
《加州隐私权法案》	2020年11月	进一步强化了加州消费者对其个人信息的控制权，个人隐私的保护范围更广泛、保护内容更多样、惩罚措施更严格
《美国数据隐私和保护法案》	2022年6月	该法案并未禁止一般个人数据处理活动，而是为个人提供了"选择退出"的方式，以促进对个人数据的合理利用；增强了个人对其数据的控制权，但为避免个人滥用诉讼权利阻碍商业创新，对私人诉讼权作出了种种限制；为数据处理企业尤其是大型企业设定了多方面义务，但对"忠诚义务"的表述却不够清晰、完整

美国主要出口管制政策法规如表4-4所示，包括《国际武器贸易条例》

《出口管制改革法案》等，旨在控制敏感技术和商品出口，以防止其被用于非法目的。

表 4-4　美国主要出口管制政策法规

名　称	发布时间	主要内容
《国际武器贸易条例》	1999 年	规范了国防物品和国防服务，其中国防物品不仅包括实物商品，也包括技术，例如，不仅包括步枪，也包括步枪的组件、零件，甚至包括其设计、开发、生产、制造、组装、操作、维护等各个环节涉及的技术
《出口管制改革法案》	2018 年	一是建立针对"新兴和基础性技术"的出口管制；二是对受武器禁运国家的出口进行审查；三是审查对美国国防的影响。该法案要求美国商务部在审查许可证申请时考虑相关出口对美国"国防工业基础"的影响，并拒绝任何可能对其产生重大负面影响的请求；四是完善处罚措施

科技竞争与创新政策法规：为了保持在全球科技竞争中的领先地位，美国政府采取措施支持科技创新，包括投资于人工智能、量子计算和生物技术等前沿科学领域。同时，也更新了相关的出口控制和投资审查机制，以保护关键技术。

美国主要知识产权保护政策法规如表 4-5 所示，包括《数字千年版权法》《保护美国知识产权法》等，旨在通过法律保护版权和专利，防止知识产权被非法使用或复制。

表 4-5　美国主要知识产权保护政策法规

名　称	发布时间	主要内容
《数字千年版权法》	1998 年 10 月	该法案是数字时代网络著作权立法的尝试，亦是网络初期著作权利益冲突各方折中的产物。其主要特点体现在以著作权人为中心，加强对其权益的保护，同时又对网络服务提供商的责任予以限制，以确保网络的发展和运作
《保护美国知识产权法》	2023 年 1 月	该法案将对参与窃取属于美国个人或实体的商业秘密的某些外国个人和实体实施制裁。该法案要求相关部门在六个月内向国会提交报告，此后每年向国会报告，识别参与"重大窃取美国商业机密"的个人和公司

国际合作与领导：美国积极参与国际科技标准制定，并与盟友合作，以应对全球范围内的科技挑战，如网络安全威胁和技术供应链的安全性问题。

美国反垄断法规包括《克莱顿法案》和《谢尔曼法案》，旨在防止大型科技公司滥用市场支配地位，保持市场竞争。

应对新兴技术挑战：对于人工智能、物联网、5G通信等新兴技术，美国正在制定和实施相关政策，以促进技术健康发展并解决相应的安全问题。

美国主要国家安全政策法规如表4-6所示，包括《国防生产法案》和《国家安全战略》，确保国家安全不受外国投资和国内生产的影响。

表4-6 美国主要国家安全政策法规

名称	发布时间	主要内容
《国防生产法案》	1950年	该法案明确规定了有关国防生产的优先顺序，确定了物资与设施的分配体制和征收权，同时根据有关条款，为国防企业扩大生产能力提供强有力的财政援助，以保证物价与工资的稳定。对国防生产过程中可能出现的劳资纠纷和信用监督等问题提出了解决的方法。这个法律有效地调整了国防生产各方面的关系，保证了国防生产按国防需要的规模、品种顺利进行发展，缩短了战时工业动员的准备时间，对于保障国家安全和其他活动的顺利开展，具有一定的影响。
《国家安全战略》	2022年	一是当前美国面临的安全形势及战略方针；二是美国为应对安全挑战，加强自身各领域建设所采取的行动；三是美国应对安全挑战的办法，包括安全优先事项以及在全球不同地区采取的不同安全战略

教育和人才培养：认识到科技创新的基础在于教育和人才，美国加大对STEM教育的投资，旨在培养更多的科技人才。

此外，美国开始更多地关注人工智能和生物技术等领域科技伦理和社会责任问题，制定相关政策来指导科技道德发展。美国政府支持绿色科技的研发和应用，如可再生能源技术，促进环境可持续发展，应对气候变化。美国加大对数字基础设施的投资，包括宽带网络的扩展，以缩小数字鸿沟，促进经济增长和提高竞争力。

美国政府出台和调整科技领域政策，旨在实现保障国家安全、促进经济增长、维护市场竞争和鼓励创新等多重目标。同时,也表明美国应对全球科技挑战和维护国际科技领导地位的野心。通过这些政策措施,美国不断适应调整并引领着快速变化的全球科技环境。美国科技安全政策法规体系框架如图 4-5 所示。

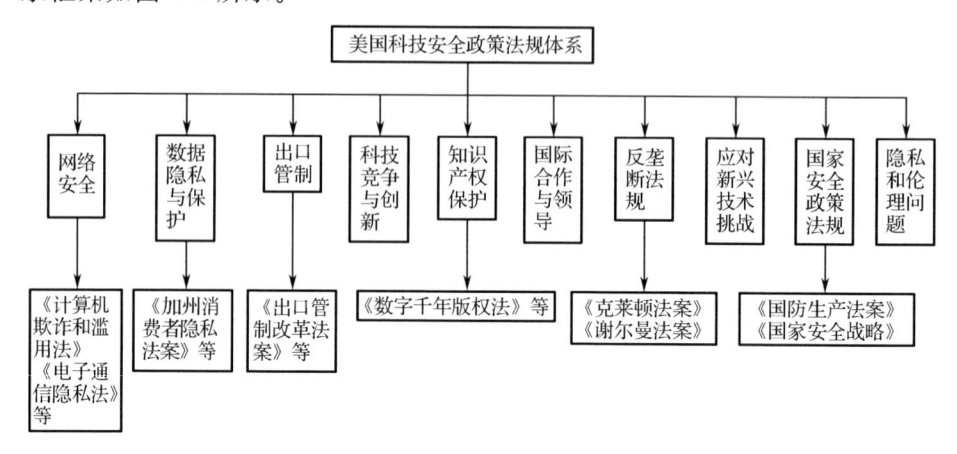

美国科技安全政策法规体系
├─ 网络安全 —《计算机欺诈和滥用法》《电子通信隐私法》等
├─ 数据隐私与保护 —《加州消费者隐私法案》等
├─ 出口管制 —《出口管制改革法案》等
├─ 科技竞争与创新
├─ 知识产权保护 —《数字千年版权法》等
├─ 国际合作与领导
├─ 反垄断法规 —《克莱顿法案》《谢尔曼法案》
├─ 应对新兴技术挑战
├─ 国家安全政策法规 —《国防生产法案》《国家安全战略》
└─ 隐私和伦理问题

图 4-5　美国科技安全政策法规体系框架

2. 科技安全政策体系关系

美国科技安全政策法规体系是多维度、多部门间政策目标平衡与协调的结果。主要体现在以下几个方面。

在法律方面,美国的科技安全政策法规既有联邦层面的法律,如《电子通信隐私法》;也有州级法律,如《加州消费者隐私法案》。这些法律在不同的政府层级上形成互补和互动,共同构成了全国范围内的法律体系。

在监管方面,政府部门通过协作与分工共同参与科技安全政策的制定和执行。例如,国土安全部负责网络安全,联邦贸易委员会负责消费者保护和隐私法律的执行,而司法部负责处理相关的法律执法问题。

在适应性方面,随着科技的快速发展,美国的科技安全法律法规不断更新以适应新的技术和挑战。这种动态调整是其政策的重要特点,旨在确保法律体系与技术进步保持同步。

在目标方面，美国的科技安全法律法规在制定和执行过程中追求政府、企业和公民之间利益平衡。例如，数据隐私保护法旨在保护个人隐私，同时也考虑到企业的商业利益和国家安全的需要。

这些体系体现了美国科技安全政策法规体系的复杂性和动态性。它们不仅包括不同法律层级之间的互动，还涵盖政府各部门之间的协作，以及法规与国家战略目标、国际标准和技术发展之间的相互影响。此外，这一体系中的每个组成部分都不是孤立存在的，而是相互关联，共同构成一个全面、协调和适应性强的科技安全法规网络。这种网络不仅能够应对当前的安全挑战，还能够预见和适应未来的发展趋势，确保美国在科技安全领域的持续领导和创新。

4.3 打造组合协同、区域联动的工具方法

围绕自主创新、科技可控与风险治理组成的政策工具箱，美国政府通过频繁发布行政命令、法案等单边行动以及打造紧密"盟伴体系"，全方位阻碍他国的科技发展，保障自身科技安全。

4.3.1 多路并进维持全球科技创新能力

美政府通过支持基础设施建设、加大人才培育力度、以政府投入来撬动社会资本从而加强创新投入、实施财税优惠政策等措施，积极推动科技创新发展。

1. 大力支持基础设施建设,夯实创新基础能力

拜登政府自执政以来就积极实施基础设施建设计划,旨在重建美国陈旧老化的基础设施,促进电动汽车和清洁能源的发展,创造更多就业机会。2021年8月,参议院通过了规模近1万亿美元的《基础设施投资和就业法案》。该法案旨在对公路、铁路、电网、宽带等领域进行升级扩建。法案的通过不仅意味着美国将进行数十年来规模最大的公共设施的更新与改造,同时也标志着拜登政府的基础设施建设计划迈出了第一步。《基础设施投资和就业法案》提出的基础设施建设计划,包括将投资1100亿美元用于道路和桥梁的新建与翻修、投资660亿美元用于客运和货运铁路建设、投资650亿美元用于网络宽带基础设施建设、投资540亿美元用于改善饮用水和污水处理基础设施。通过这些举措,美国旨在推动科技研发、培育新兴技术,实现产业创新,促进社会就业。

专栏　美国推出多项投资法案

近年来,美国相继推出了《美国复苏与再投资法案》、《美国国家空间数据基础设施战略规划(2014—2016年)》、《修复美国地面交通法案》、《联邦大数据研究与开发战略计划》、《增强联邦政府网络与关键性基础设施网络安全》行政令、《美国重建基础设施立法纲要》等,还先后发布了"网络与信息技术研发计划""大数据研究和开发计划""先进制造业伙伴计划"等,这些政策与计划对促进美国科技发展起到了积极的推动作用。

---

2. 加大人才引进和资助力度,打造综合性人才政策体系

近年来,拜登政府持续加大了研发投入规模,提高了科研群体的获资助机会。据报道,联邦政府实际研发支出由2021财年的1607.2亿美元提高至 2022 财年的 1841.2 亿美元，2023 财年预计将达到 2008.1 亿美元，2023 财年与 2020 财年相比，增幅为 26.6%。此外，2021 财年和 2022 财年，美国 STEM 教育总预算分别为 39.22 亿美元和 42.28 亿美元，相较于 2020 财年 35.04 亿美元有明显提升。在联邦研发总经费稳步增长的同时，各联邦科研资助机构的项目资助率近年来也呈现不断走高的趋势。美国国家科学基金会 2022 年度的项目资助率为 28%，比 2021 年提高了 2%，美国国立卫生研究院 2022 年度的项目资助率更是达到了近十年来的新高 30%。

同时，美国政府更加重视人才培育与引进，特别是强调发挥 STEM 人才作用。为此，拜登政府稳步扩大政府研发和教育预算规模，在留学生、访美学者签证及高科技移民等方面采取积极行动，通过多种手段为各类人才赴美学习、工作和定居提供便利，并致力于扩大由美国主导的国际人才联盟，力图有计划、有目标地建立具有特色的综合性人才政策体系。美国国家科学理事会在《2030 年愿景》报告中指出，美国要想在 2030 年继续保持全球竞争力，就必须采取双管齐下的策略——在继续吸引和留住全球人才的同时，扩大国内人才培养规模，使美国成为一个 STEM 人才强国。

首先，美国通过"早期职业 STEM 研究计划""STEM 领域 J-1 交换生学术培训拓展计划"等扩大人才引进范围，延长其居美学习和工作时间；其次，针对科学、教育、商业等领域，美国移民局大幅降低了该签证的审核标准，并在扩大申请人范围的同时降低了签证申请难度；再次，美国鼓励 EB1（针对杰出人才、杰出研究员/教授、跨国公司高管）、EB2（针对技术人才）类移民，并增加移民配额；最后，美国更新"国家利益豁免"政策框架，向关键技术外籍人才倾斜。"国家利益豁免"移民申请主要向那些能够为美国国家利益做出重要贡献、推动相关领域发展的对象倾斜。

专栏　美国"国家利益豁免"政策框架

2022 年 1 月，美国移民局更新了"国家利益豁免"政策框架，进一步明确了 STEM 留学生及外籍企业家获得"国家利益豁免"签证的办法，缩短了对 STEM 专业博士批准"国家利益豁免"绿卡的时间。新框架对 STEM 人才更加友好，强调面向高科技领域的高素质人才，特别关注那些涉及关键和新兴技术，以及对美国国家竞争力和安全具有重要意义的领域的申请人，在具有实质性价值和国家重要性、推进行动的能力以及对美国有益这三大裁决条件方面都强调了申请人在关键和新兴技术领域的价值。

3. 引导资金投入，培育美国科技能力

美国政府通过加强关键技术与制造能力的竞争力，确保美国在全球经济中始终占据关键地位。美国试图以科技为纽带贯通安全部门和经济部门的政策边界，意在打造"全政府"力量，使其更好地适应数字时代的大国竞争。

首先，政府加大了对科研的投资力度，特别是在基础研究领域。美国充分利用 WTO《补贴与反补贴措施协议》中的相关规定（即国家对基础性研究的资助不在限制之列，对产业基础研究和竞争性开发活动不超过合法成本的 75%和 50%的补贴为不可诉补贴），加大在基础研究领域的投入。2023 年 3 月，美国发布了 2024 财年政府预算。预算案总规模接近 6.9 万亿美元，高于 2023 年的 6.2 万亿美元，其中，对科研领域的投入明显增加。美国国家科学基金会 2024 年投入 113 亿美元，与 2023 年相比增加 18 亿美元，增幅 18.6%。其中，20 亿美元用于对人工智能、生物技术和量子计算等领域的研发，18 亿美元用于旨在增加科技人才数量及多样化的计划项目。

其次，美国以"先进制造业战略"为依托，加强了对关键领域的补贴支持。美国提出了"清洁能源制造""半导体制造""生物制造""新材料制造""智能制造"五项建设目标。为实现美国重塑制造业的目标，拜登政府出台了一系列法案，为相关领域提供了巨额补贴。2022 年 10 月，美国国

家科学技术委员会出台了《先进制造业国家战略》，再次强化先进制造的关键作用，试图通过先进制造带动技术人才和产业链发展。

再次，美国还加大了国防投入，试图通过军民转化带动社会科技发展。早在1993年，美国就出台了"技术再投资计划"，用一部分削减的国防费用再投资于关键两用技术开发。2023年7月，美国会众议院表决通过了2024财年国防授权法案总计8860亿美元，比拜登政府提出的预算申请8420亿美元还多出440亿美元，比2023财年国防授权法案的8579亿美元多出281亿美元，实际增长3.3%。

此外，美国还通过降低企业负担来加强本土产业链建设。2017年，美国签署《减税与就业法案》，大幅降低了企业所得税以及跨境所得税税率。新税法规定美国企业所得税税率由35%降至21%，并取消可替代最低税负。在跨境税方面，美国对海外利润汇回可享受较低的一次性遣返税，而非之前需统一缴纳的35%所得税。新增"海外无形资产所得税"（FDII），对来自境外的无形资产和劳动所得给予13%的优惠税率。该条款将吸引海外拥有自主知识产权的高科技企业回归美国，并鼓励美国本土企业向境外出口相关产品和服务。美国税改旨在引导美国企业将海外利润转回本土，返美投资，促进美国经济持续增长。

最后，美国政府还通过引导产业基金来撬动科技安全发展杠杆。美国政府不直接向企业提供资金支持，而是通过提供政府信用担保政策，引导私人投资资本和小企业管理局（Small Business Administration，SBA）加大投资力度，帮助中小企业获得权益资本和长期贷款。

> **专栏　支持重点产业发展政策**
>
> 2022年8月出台的《芯片与科学法案》，预计为美国芯片产业提供527亿美元援助，为美国基础科学研发提供约2000亿美元的资金支持，意在改变美国在国际芯片市场上"高价值低产量"的被动局面。在清洁

能源领域，美国出台了《削减通胀法案》，计划在气候变化和清洁能源领域投资 3690 亿美元，其核心目的是加速美国清洁能源产业链的快速形成，减少对中国新能源电池产业的依赖。在生物制造领域，拜登政府于 2022 年 9 月发布"关于推进生物技术和生物制造创新的行政命令"，计划投资 20 亿美元并调动"全政府"力量，用于支持生物技术和生物制造创新发展。

专栏　计划补助微芯科技 1.62 亿美元，旨在提高芯片产量

2024 年 1 月 4 日，美国商务部宣布，计划向微芯科技（Microchip）提供 1.62 亿美元，旨在帮助该公司将其产能提高两倍。美官员表示，这笔资金将使微芯科技在美国两家工厂的成熟节点半导体和微控制器产量增加两倍。这些半导体被广泛用于各个领域，包括汽车、洗衣机、手机、互联网路由器、飞机和武器系统等。据悉，美国政府向微芯科技提供的资金将分为两部分，9000 万美元用于扩建该公司在科罗拉多州的一家制造工厂，7200 万美元用于扩建其在俄勒冈州的一家类似工厂。

白宫国家经济委员会主任布雷纳德表示，这些芯片对美国的汽车、商业、工业、国防和航空航天业至关重要，为微芯科技提供资金，将有助于减少美国对全球供应链的依赖。

4.3.2　多策并用推进产业科技安全自立

1. 建立多双边合作机制，加强盟友间合作

美国高度重视盟友在其对外战略中的重要性，强调盟友是美国国家安全与强势地位的基础。作为中美战略竞争的核心，科技议题顺理成章地成

为拜登政府运用"盟伴体系"多边遏制中国的实践场域。从合作内容来看，拜登政府"科技联盟制度"主要依托出口管制、投资审查、市场封锁、标准制定等工具展开。从合作对象来看，盟友是美国重点拉拢的对象。

一是美国积极推进美韩、美日、美以等双边"科技合作"，力图将所有技术先进国家都纳入自己的战略轨道。2021年4月16日，借时任日本首相菅义伟访美的机会，美日共同宣布将加强两国在网络、太空、生物、信息等敏感技术领域的合作。2021年5月21日，美韩发布共同声明，宣布两国将加强在生物技术领域的合作，并打算协调解决关键技术外国投资甄别与出口管制问题。2022年7月13日，拜登访问以色列期间美以双方共同宣布建立新兴技术战略伙伴关系，决定将就人工智能、量子计算等新兴技术的开发、保护展开合作。

二是美国将推进欧洲、印太盟友在多边框架内的合作视为重中之重。美欧贸易与技术委员会、"四方安全对话"框架内关键与新兴技术工作组的相继成立便是拜登政府相关战略意图的体现。鉴于拜登更加重视盟友在科技遏华问题上的作用，美欧"科技合作"在拜登上台后得到了进一步深化。2021年5月，欧盟出于配合美国出口管制的考虑重新修订《欧盟两用物项出口管制条例》，条例对"两用技术的出口、转让、中间商交易和过境"进行了更为严格的管制。2021年6月，为进一步促进美欧在对华科技问题上的合作，拜登与欧盟委员会主席冯德莱恩、欧洲理事会主席米歇尔一同在美欧峰会上宣布将着手组建美欧贸易与技术委员会。2021年9月29日，美欧贸易与技术委员会成立大会在匹兹堡正式召开，美欧宣布将就半导体供应链、出口管制、人工智能等一系列重大经济和技术问题进行密切协调，双方还决定就新兴技术标准制定等议题合作制订具体的工作计划。2022年5月，在美欧贸易与技术委员会第二次会议上，双方不仅高度肯定委员会成立以来取得的丰硕成果，还进一步决定未来就人工智能、5G/6G、量子计算等新兴技术研发、出口管制、投资筛选等议题进行更深层次的合作。

三是美日印澳"四方安全对话"正在逐渐演变为拜登政府在印太地区遏制中国的最重要抓手。拜登上任仅两年四国领导人就已举行四次峰会，科技一直是美国借助"四方安全对话"遏制中国的重要议题。2021年3月21日，在四国领导人首次线上峰会上，拜登成功推动成立了四方"关键与新兴技术工作组"，并与日、印、澳领导人决定未来共同发布新兴技术设计、开发、使用的原则声明，促进彼此在新兴技术标准制定议题上的协调。2021年9月24日，四国领导人首次线下峰会在白宫召开，四国决定将关键与新兴技术之外的基础设施、太空、网络安全等议题纳入主要合作议程。2022年3月25日，四方高级网络小组悉尼会议再次一致确认将推动网络安全与关键基础设施保护方面的合作。2022年5月23日，"四方安全对话"领导人第四次峰会召开，拜登高度赞赏与肯定四方"关键与新兴技术工作组"所取得的成绩，将进一步推动四方在具体技术交流、试验活动方面进行合作，推进构筑一个完全互操作、完全可信赖的数字生态系统。

2. 规范知识产权保护，保护科研主体研发热情

美国高度重视知识产权保护，并通过长期实践建立了完备的知识产权保护体系。自20世纪80年代起，美国开始将知识产权保护的目标调整为在全世界制定、强化与执行知识产权标准，并逐步开启了将国内知识产权法运用于域外实体的进程。

知识产权盗窃与保护一直以来是中美关系难以绕开的话题，特朗普政府依据"特别301报告"涉及的知识产权保护条款对中国发起贸易战。以知识产权保护为借口，通过对华进口产品征收高额关税打击中国技术密集型产业，阻碍中国技术升级与科技进步。2021年4月，《2021年美国创新与竞争法案》提出建立所谓"知识产权侵犯者名单"与"窃取知识产权制裁"机制，为后续美国进行域外知识产权保护建立更完善的制度依据。2022年7月，共和党籍参议员史蒂夫·戴恩斯还专门向参议院提交了《2021知

识产权保护法案》,要求总统采取切实措施,保障中国执行《中美贸易协定》中知识产权保护的承诺。

3. 加强供应链管控,提高供应链韧性和安全性

美国政府逐渐从全球化的拥护者转向贸易保护主义,通过提升自身关键行业的供应链韧性,旨在减少对其他国家的依赖性。此外,拜登政府推动与盟友合作重构供应链,旨在降低对中国的依赖,重塑以美国为主导的供应链。2021年2月24日,美国总统拜登签署"美国供应链行政令",加强美国供应链弹性、多样性及安全性,振兴和重建国内制造能力,促进经济繁荣和国家安全。行政令内容主要包括供应链风险审查、产业链供应链评估、加强美国供应链的建议等。近年来,美国更新和调整了供应链审查流程和方法,包括制定与实施一系列政策和标准,以及针对关键技术供应链的风险应对策略。

一是美国政府设立了若干与供应链管理相关的标准和指导方针。国土安全部网络安全和基础设施安全局设立了信息和通信技术供应链管理工作组,定期举办"供应链完整性"活动,以促进供应链管理的实践和资源共享。2022年5月,国家标准与技术研究院更新《联邦信息系统和组织的供应链风险管理实践》,以指导如何识别、评估和应对供应链中的网络安全风险。

二是美国政府部门和情报界发布了一系列指令政策,推广供应链管理的最佳实践方案,在关键任务系统和网络安全中建立值得信任的方法。例如,国防部供应链材料管理政策、情报界关键产品、材料和服务供应链保护指令等。

三是美国政府通过资金投入支持创新和库存管理,对特别重要的供应商提供财政支持,以填补供应链漏洞。例如,美国能源部和国防高级研究计划局对行业和技术进行资金分配,以提升创新能力,解决特定的供应链瓶颈。

四是采取风险应对措施,确保关键技术供应链的每个环节至少有3家

位于国内或盟国的制造商，并能够满足至少 50%的国内需求。这些措施包括统一供应链和关键技术的定义、绘制供应链画像、开展供应链风险评估、对供应链风险进行分类等，以权衡供应链风险应对措施的利弊。

五是建立统一的标准和指导原则，对关键部门和技术进行风险评估。美国供应链审查方法包括全面审查与风险评估、提出政策建议和措施、合作与信息共享、财政支出与市场干预、重视基础设施建设和未来产业布局、特定行业融资信贷便利与外资监管、多部门交叉合作和利益相关者协商。这些措施体现了美国在全球供应链中的战略调整，旨在加强国内产业发展，减少对他国依赖，确保供应链的安全和稳定。

专栏　美国拨款 4900 万美元改善先进半导体封装能力

2024 年 1 月 24 日，美国国防部宣布签署两份总价值 4900 万美元的合同，旨在振兴国防应用中使用的半导体的先进封装能力和产能，重点支持 3D 先进封装解决方案。该项目是国防部安全异构先进封装电子产品回流生态系统（RESHAPE）工作的一部分。RESHAPE 是一项先进封装制造能力计划，旨在振兴美国关键的封装制造生态系统，为国防工业基础和商业市场提供支持。该计划旨在实现高精度、小批量、高混合和安全的制造能力，以确保美国微电子生态系统实现安全、全面的零部件生产和可靠的系统集成。

专栏　美国投资 1700 万美元加强国家关键矿产供应链

2024 年 2 月 15 日，美国能源部宣布向三个项目提供超过 1700 万美元的资金，用于支持从煤炭资源中提取稀土元素及其他关键矿物和材料，以及相关生产设施的设计和建设。这些项目将加强国内供应链，以满足对关键矿物和材料不断增长的需求，并减少对不可靠外国来源的依赖。美国能源部强调，美国目前 80%以上的稀土元素依赖进口，而稀土元素天然存在于煤炭和煤炭废物中，其中煤炭储量超过 2500 亿吨，煤炭废物超过40亿吨,以及约20亿吨煤灰粉。能源部希望利用这些非常规资源,帮助建立对美国经济、清洁能源和国家安全至关重要的国内供应链。

4. 实施进出口管制,巩固科技领先地位

出口管制一直是美国维持其经济技术优势及国家安全的一项重要制度工具。美国的两用物项出口管制法规主要由美国的国务院、商务部和国防部等政府机构制定,现行主要法规为2018年颁布的《出口管制改革法》(Export Control Reform Act,ECRA)及2020年修订的《出口管制条例》(Export Administration Regulations,EAR)。受EAR管辖的物项包括商品、软件和技术;除了EAR明确排除不受其管辖的物项(如完全受美国其他政府部门或机构专属管辖的物项,或某些已向公众披露且后续传播不受限制的技术和软件等),受EAR管辖的物项几乎包括了所有位于美国、原产于美国或有美国元素的特定物项。近年来,为巩固美国的全球领导地位,美国将出口管制的物项范围扩大至新兴和基础性技术,并加大对违反出口管制行为的处罚力度。

EAR包括基于物项和目的地的管制规则,以及基于最终用途和最终用户的管制规则。美国《出口管制条例》清单明细如表4-7所示,这些清单主要包括实体清单、未经核实清单、军事最终用户清单和被拒绝主体清单。

表4-7 美国《出口管制条例》清单明细

清单名称	被列入清单的原因	被列入情况	被列入清单的后果
实体清单	有合理理由相信清单上的主体已经参与、正在参与、有重大风险参与、有重大风险即将参与有悖于美国国家安全或外交政策的行为	中国主体被列入情况:截至2023年底,共计800家左右中国主体被列入该清单,主要涉及军事、半导体、芯片等领域	向清单上的主体出口受EAR管辖的物项需要遵守清单列明的适用于该主体的许可证要求和许可证申请审查政策(与EAR其他规则项下的许可证要求独立适用,即如果EAR其他规则也施加了许可证要求,则也同样需要遵守)。除非清单列明了该主体适用的许可证例外,否则任何例外均不适用

续表

清单名称	被列入清单的原因	被列入情况	被列入清单的后果
未经核实清单	清单上的主体未能通过最终用途核查（作为执法措施之一，美国相关部门会选择性地对某些出口物项进行最终用途核查），从而BIS无法核实该主体是否"善意"（bona fides），即无法核实相关出口物项的最终用途和最终用户的合法性及可靠性	截至2023年底，共计100家左右中国主体被列入该清单	与实体清单不同，BIS并未对未经核实清单上的主体施加额外的许可证要求，只是施加了额外的负担。比如，向清单上的主体进行任何受EAR管辖但不适用许可证要求的出口，必须从该等主体取得符合要求的声明；如果交易的一方（包括申请人及其代理人、购买方、中间收货人、最终收货人、最终用户）为清单上的主体，则EAR项下的任何许可证例外均不适用，即如果根据EAR的一般规则，相关交易适用许可证要求且有许可证例外，如果该交易的一方为清单上的主体，则任何许可证例外均不适用
军事最终用户清单	向清单上的主体的出口存在被用于特定国家的"军事最终用途"或"军事最终用户"的不可接受的风险	截至2023年底，共计60余家中国主体被列入，主要涉及军事、航空航天、船舶、通信等领域	该清单是对缅甸、柬埔寨、中国及委内瑞拉的"军事最终用途"和"军事最终用户"管控措施的一部分。如果"知晓"受EAR管辖的某些物项37将用于上述国家的"军事最终用途"或"军事最终用户"（对于不在该等国家境内的"军事最终用户"，以军事最终用户清单上的实体为准），则未取得相应的许可证不得出口（与EAR其他规则项下的许可证要求独立适用，即如果EAR其他规则也施加了许可证要求，则同样需要遵守）
被拒绝主体清单	清单上的主体为收到BIS签发的拒绝令的主体	被列入的中国主体较少	拒绝令是对违反或可能违反EAR等出口管制规定的行政处罚以及保护性行政措施，通过向相关主体签发拒绝令可以暂停或撤销向该主体发放出口许可证；拒绝或限制该主体出口或向该主体出口受EAR管辖的任何物项；限制可能使该主体从受EAR管辖的物项的出口中获益的交易。任何人士均需要遵守拒绝令中的规定。因此，如果与清单上的主体进行交易，需要特别注意相关交易是否为该主体的拒绝令所禁止或限制，如是，则不得从事相关交易

美国出口管制政策的主责部门是商务部产业安全局（Bureau of Industry and Security，BIS），BIS与其他多个部门合作，以确保出口管制政策的有效实施和执行。同时，美国不断审查和改进出口管制政策和法规，以适应不断变化的国际形势和技术发展趋势。鉴于涉及多个部门，美国成立了多个跨部门委员会，通过部际会议进行协调，以确保出口管制制度的有效实施。

专栏　制定出口管制清单
美国商务部通过制定出口管制实体清单，针对在美国具有绝对优势的材料、芯片、器件等领域，切断中国企业供应链，禁止美国企业和美国之外的第三方具有美国技术、美国零部件的企业向中国企业供货。 2018年5月，《2018年出口管制改革法案》（ECA）通过，控制技术输出，限制对华技术出口。该法案为总统提供了控制美国某些两用物项和技术等出口权力，要求商务部长建立并维护"实体清单"，列出因对美国国家安全和外交政策构成威胁而受出口许可证要求约束的外国实体。该法案增加了对美国"新兴和基础性技术"的出口控制，使中国想要通过商业途径购买先进技术变得更加困难。同时，该法案也加强了对禁售武器国家的许可审查。目前在美国禁售武器名单上只有中国是美国的主要贸易伙伴，这一规定被认为是对中国"量身定制"的出口管制要求。 2019年5月，根据该法案，美国商务部工业与安全局将华为及其附属公司列入"实体名单"，规定没有美国政府的许可，美国企业不得给华为供货。2020年6月24日，美国国防部公布了一份据称由中国军方拥有或控制的公司名单，该清单包括"中国政府、军事或国防工业拥有、控制或关联的实体"，并将华为、海康威视以及一些国有企业等20家中国高科技企业列为首批清单企业。同年12月21日，美国商务部工业和安全局发布公告，对出口管制条例进行修订，增加"军事最终用户"清单，将58家中国企业列为"军事最终用户"清单企业。

5. 加大投资审查力度，降低外国投资带来的风险

近年来，美国加大审查力度，扩大审查范围。其中，针对关键基础设施（包括电力供应、通信网络、交通系统等）的投资审查明显加强，对涉及关键技术的交易更为关注。2023年，美国政府将在美投资审查的焦点扩展到半导体、人工智能、生物科技和量子技术等更多关键领域，认为这些技术对国家安全和经济竞争力至关重要。外国投资者在这些领域的交易将面临更加严格的审查，以确保美国的技术优势不受到威胁，减少外国投资对美国供应链带来的不确定性和潜在风险。同时，审查还加强了对敏感数据的保护，以确保外国投资者不会滥用数据或将敏感信息传输到国外。

在此背景下，审查数量显著增加。2022年，外国投资委员会（The Committee on Foreign Investment in the United States，CFIUS）年度报告显示，共审查了440份受辖交易或受辖不动产交易的正式申报和简易申报，申报数量总和为历年最多。其中，正式申报的数量为286份，为十年来最多的一次，简易申报的数量为154份，与2021年的164份基本持平。

专栏　美国限制中国获取5G先进技术
2018年8月，特朗普签署通过《外国投资风险审查现代化法案》（Foreign Investment Risk Review Modernization Act，FIRRMA），扩大了外国投资委员会（CFIUS）对外国投资的审查范围并修改审查程序。法案将重点放在中国，特别提到了"中国制造2025"计划。2020年2月13日，经过试行和征求意见过程，《外国投资风险审查法案最终规则》正式生效。最终规则扩大了CFIUS对外国投资的审查范围，特别加大了对于5G技术、半导体和数据敏感行业的审查力度。多名美国国会议员指出，FIRRMA旨在应对来自中国的威胁，有意采取阻止并购的方式，限制中国企业对美国关键技术和高新企业的投资收购。这一法案的推出，

> 导致中国企业收购美国技术公司的难度大大增加，中国企业跨境并购交易的成本也在增加，中国对外直接投资明显下滑。
>
> CFIUS被允许列出一份"特别关注"国家名单，即"对美国的国家安全利益构成重大威胁"的国家。一些美国参议员明确表示"中国等潜在对手利用美国外国投资委员会现有审查程序的漏洞，通过收购或投资美国公司，实际上削弱了我国的优势"。FIRRMA第3节第1条规定，CFIUS有权对与"特别关注国"相关的外国投资者加强审查，直接指向中国投资者。

4.3.3 精准施策加强科技安全风险治理

美国政府高度关注科技安全与风险治理，在监测、预警、应急、评估、防范化解措施、质量管理、数据保护等方面积极采取行动。

1. 单边实施长臂管辖，以法律名义强行对他国施压

"长臂管辖"最早出现于20世纪50年代的美国法律中，用于协调美国各州之间的司法管辖权问题。随着美国把"长臂管辖"从国内推行至国际，其逐步发展为以国内法名义强行对他国实体和个人施加单边域外管辖的做法。美国凭借其在政治、经济、科技、意识形态等领域的强大实力，以所谓维护"基于规则的国际秩序"为由向别国施压，扮演"世界警察"角色。

> **专栏　美国多方打压中国科技公司**
>
> 美国通过发布行政命令、制裁令和立法等形式，对华5G龙头企业进行科技封锁。2018年4月，美国首先对我国5G龙头企业中兴公司发难，以违反政府制裁令为由，对中兴公司实施芯片禁运措施，使中兴公司的正常生产经营活动受到很大冲击，企业运营一度陷入"休克"状态，

主要经营活动无法正常开展。自 2019 年以来，美国发布多项行政令，对华为进行制裁，开始正面打压华为在 5G 领域的发展。此外，美国还加大了对中国参与美国电信服务行业的审查力度，并对我国电信运营商实施经济制裁。拜登政府进一步修改了特朗普政府针对中国企业的投资禁令，华为、中芯国际等 59 家中企被列入投资"黑名单"，美国人不得与名单所列公司进行投资交易。

专栏　美国国会议员要求政府调查 AI 巨头 G42

2024 年 1 月 10 日，众议院美中战略竞争特设委员会要求商务部对由阿拉伯联合酋长国掌权家族控制的大型科技公司 G42 展开调查，以确定该公司是否应该因其与中国的关系而受到贸易限制。这家公司专门从事人工智能和其他新兴技术的研发，由阿联酋国家安全顾问谢赫塔农·本·扎耶德控制。

该公司最近与微软、戴尔和 OpenAI 等美国知名科技企业签署了协议。硅谷芯片公司 Cerebras 正在为 G42 打造一台能够生成并驱动人工智能产品的超级计算机。

2．建立监测预警机制，防范和减少风险

美国政府意识到建立有效的风险监测与预警系统对于国家安全和社会稳定至关重要，这包括利用先进技术进行数据分析、预测潜在风险、及时发出预警，并采取相应措施以防范和减少风险。首先，利用人工智能技术进行数据分析至关重要。美国政府重视数据分析和人工智能在风险监测中的作用，各级政府部门逐渐采用以 AI 技术为驱动的风险评估技术方案，特别是在网络安全、公共健康和自然灾害预测等方面。其次，网络安全监测是重中之重。政府部门与私营部门合作，共同开发了一系列网络安全监测工具。2013年"棱镜计划"曝光后，美国加大了对网络安全的监控和投资，并与私营部门合作，发展了入侵检测系统和实时监控平台等网络安全监测工具。第三，针对新兴技术的风险监控备受重视。针对人工智能、量子计算等新兴技术，美国采取了前瞻性的措施以防范科技风险。例如，2020年，美国国防部发布了《AI伦理原则》，建立了军方在使用AI技术时应遵循的伦理标准。同年，美国政府还成立了人工智能和量子信息科学国家卓越中心等专门机构，来监督新兴技术的发展和应用，以确保其不被滥用。2023年10月，美国白宫发布首个《生成式人工智能监管规定》，要求多个政府机构制定标准，以防止使用人工智能设计生物或核武器等威胁，并寻求"水印"等内容验证的最佳方法，制订先进的网络安全计划。

> **专栏　OpenAI正在与美国军方合作开发网络安全工具**
>
> 彭博社2024年1月17日报道，OpenAI删除了"禁止用于军事用途"条款后，就宣布其正在与五角大楼合作开展包括网络安全工具在内的多个项目，这与其早些时候禁止向军方提供人工智能的做法背道而驰。OpenAI负责全球事务的副总裁在达沃斯世界经济论坛接受采访时表示，OpenAI正在与美国国防部合作开发开源网络安全软件工具，并且仍然禁止使用其技术开发武器、摧毁财产或伤害人员。

3. 建立应急响应与评估机制，应对科技安全事件

面对日益增长的科技风险，美国建立了一套综合的应急响应与评估机制。这套机制旨在快速有效地应对科技引发的紧急情况，并定期评估风险管理策略的效果。

一是建立快速响应机制。美国国土安全部和联邦应急管理局（FEMA）等机构加强了在网络安全和自然灾害中的协作。二是定期进行风险评估。为了更好地理解和管理科技风险，美国政府部门开始实施定期的风险评估

程序。美国环境保护署（EPA）和食品药品监督管理局（FDA）定期评估环境和公共健康领域的科技风险。三是加强与私营部门和国际组织的合作。美国政府也认识到与私营部门和国际组织的合作在应对科技风险中的重要性。美国与欧盟在数据保护和网络安全方面开展了广泛的合作。

专栏　美国"国家网络安全应急计划"
2018 年，美国国会通过《国家防务授权法》，要求国防部每年评估和报告其在面对科技风险方面的准备情况。2019 年，美国政府推出了"国家网络安全应急计划"，旨在加强国家在面对大规模网络攻击时的应对能力。

4. 防范与化解风险，减轻科技发展的负面影响

为了有效防范和化解科技发展带来的风险，美国政府采取了一系列措施，旨在通过立法、政策和技术手段，减轻科技发展可能带来的负面影响。

一是制定相关法律和政策。美国政府通过多项立法来应对科技风险，例如 2018 年的《云计算法案》，旨在保护政府数据在云环境中的安全；2020 年，美国国会通过《网络安全漏洞披露法案》，要求政府机构和企业及时公开安全漏洞，以防范潜在的网络攻击。二是着重保护关键基础设施。鉴于关键基础设施（如电力网、交通系统）对国家安全的重要性，美国政府通过实施更严格的网络安全标准，提高基础设施的抗风险能力，加大对这些关键领域的保护力度。2019 年，美国国土安全部更新了《关键基础设施安全战略》，强化了对关键基础设施的风险管理和应急响应计划。三是提高公众风险意识。为了提高公众对科技风险的认识，美国政府和各大科技企业合作，举办了一系列公共教育和宣传活动。这些活动旨在提升公众对网络安全、数据安全等问题的风险意识。2022 年，美国国家科学基金会资助了一系列科普项目，旨在教育公众如何识别和防范网络诈骗和虚假信息。

5. 加强质量管理，提升科技成果的安全性

质量管理在科技政策的实施中扮演着关键角色。美国政府通过确保科技项目和服务的高标准质量，来提升科技成果的有效性和安全性。为此，美国为质量管理制定了严格的标准、质量控制流程以及持续改进机制，并通过培训和教育提高工作人员质量管理能力。

一是标准制定与遵循。美国在软件开发、网络安全和数据处理等科技领域设立了严格的质量标准，以确保产品和服务的可靠性和效能。例如，美国国家标准与技术研究院制定了一系列关于网络安全和数据加密的标准，被广泛应用于各类科技项目。二是质量控制流程。在科技项目的设计、开发和实施过程中，质量控制流程是不可或缺的。这包括定期的审核、测试和评估，以及及时纠正可能存在的问题。2020年，美国国防部实施了新的质量控制措施，用于增强军事技术项目的性能和安全性。三是持续改进机制。为了不断提升科技政策的效果，美国政府推崇持续改进的理念。包括收集反馈信息进行数据分析，并基于这些信息调整和优化政策。各级政府部门通过引入质量管理系统（如ISO 9001）来实现这一目标，并定期进行内部和外部的审核。四是培训和教育。为了提高工作人员在质量管理方面的能力，美国政府和私营部门推动了相关的培训和教育项目，旨在教授质量管理的最佳实践和新技术。2021年，美国国家科学基金会资助了一系列研讨会和培训课程，专注于提升科研人员的质量管理能力。

6. 数据保护，平衡技术创新与隐私保护

在数字化时代，个人信息保护已成为美国政府和公众关注的核心议题。美国通过制定法规和政策，力图平衡技术创新和个人数据保护之间的关系。

一是加强数据保护法规。随着个人数据被大量收集和使用，美国政府

逐步强化了数据保护的法律框架。二是监管大数据和人工智能的应用。为了确保技术发展不侵犯个人隐私权,美国政府审视了大数据和人工智能的应用。三是增强违规处罚力度。面对数据保护的违规行为,美国政府采取了更严格的处罚措施。如2018年加州通过了具有里程碑意义的《加州消费者隐私法案》,为个人数据提供了更强的保护。2020年,美国国会讨论了《数据保护法》,旨在全国范围内规范个人数据的收集和使用。2021年,美国联邦贸易委员会发起了针对大型科技公司数据收集行为的调查。同年,美国政府还出台了关于人工智能使用的指导原则,强调必须尊重隐私权和数据保护。

专栏　美国禁止向外国对手传输"敏感数据"
2024年3月20日,美国众议院通过一项两党法案,禁止数据经纪人将美国人的"敏感数据"转移到包括中国在内的外国敌对国家。该法案在众议院以414票对0票通过后,现在需在民主党控制的参议院获得通过,并由美国总统签署后才能成为法律。该法案将阻止出售政府颁发的标识符、金融账号、遗传信息、精确的地理位置信息和电子邮件等私人通信信息。

【总结分析】

科技领域的全方位领先,是美国保持军事、经济等领域强势地位的重要支撑。近年来,美国政府频繁出台相关政策,不断提升科技安全在国家安全中的地位,强化本国科技创新能力。同时,以中美为代表的大国之间的战略博弈加剧了美国的竞争忧虑,其科技安全战略的实施逐渐泛政治化,"长臂管辖""301调查"等非传统科技领域的政策工具被广泛应用,并且与盟国联手实施打压的趋势也越发明显。

除了对竞争国家的打压和制裁，美国也非常注重修炼科技安全的"内功"。一是强化政府引导，重视科技安全顶层设计。美国政府一直非常重视科技发展和安全，并将科技安全视为军事安全、经济安全、社会安全的重要基础，通过设立国家科研机构、开展国家科研计划，高规格推动重要领域科技发展。二是优化科研环境，汇集全球科技创新资源。美国作为科技中心，拥有世界一流的大学、一流的科研基础设施、一流的创新创业环境，持续吸引全球科研人员和创业者从事研究创新工作，这是其保持科技领先优势的重要保障。三是深化国际合作，引导科技创新发展方向。一方面，美国积极组织或参与科技领域多双边国际合作，并利用自身国际影响力，抢占世界科技发展话语权；另一方面，美国发挥其科技领先优势，完善知识产权和标准体系，构筑科技安全护城河。

第 5 章
英国战略实践：重塑与引领

英国是近代科学和工业革命的发源地，科技创新发展水平位居世界前列。英国在 2023 年全球创新指数报告中排名全球第 4 位。牛津大学、剑桥大学、帝国理工学院稳居泰晤士高等教育世界大学排名前 10 位。作为全球金融科技创新中心，英国科技风险投资活跃，是继美国和中国之后第三个实现科技产业总市值突破 1 万亿美元大关的国家。追溯其科技发展历史，在两次世界大战之后，英国科技创新"遥遥领先"的地位式微，逐渐被美国、法国、德国、日本、中国等国家赶超。英国政府逐渐意识到自身问题与挑战，多措并举，调整政府机构职能，优化科技创新环境，推出多项战略政策，着力打造"全球科技超级大国和创新领域全球领导者"，并逐渐成为全球领先的大数据和 AI 技术创新中心。随着 AI 等新兴技术发展，科技风险和伦理问题也浮出水面，英国将继续加强科技安全风险治理，保障英国科技自立自强。

5.1 构建敏捷柔性、高效协同的组织架构

为了确保英国在科技方面的全球竞争力、影响力和领导力,英国继承巩固其制度优势,构建完善的机构职能,并创新发展机制模式,逐步形成多主体灵活、高效的科技安全组织架构。

5.1.1 筑牢以君主立宪政体为特征的架构底座

英国实行的君主立宪制,敲响了世界民主和自由的大门,推动了科学技术的发展壮大。1215 年,英国颁布《自由大宪章》,奠定了市场经济制度的基础。1624 年,英国确立专利权,通过兴办革新教育等方式鼓励发明创造。17 世纪中叶,英国的商品经济蓬勃发展,率先迎来了资产阶级革命和第一次工业革命,科学研究与技术创新呈现欣欣向荣的景象。

在君主立宪制度中,君主是国家元首、最高司法长官、武装部队总司令和英国国教圣公会的"最高领袖"。英国宪法不是一个独立的文件,由成文法、习惯法和惯例组成,主要包括《大宪章》(1215)、《人身保护法》(1679)、《权利法案》(1689)、《议会法》(1911,1949)以及历次修改的选举法、市自治法、郡议会法等。英国的立法机构是英国议会,由上(议)院[1]、下(议)院[2]和君主共同组成,行使国家的最高立法权[3]。上院的立法

---

1 也称贵族院,主要由世袭产生。
2 也称平民院,主要由选举产生。
3 包括制定、修改和废除法律的权利。

职权包括提出法案、拖延法案生效、审判弹劾案、行使国家最高司法权。下院行使立法、财政和监督政府三种权力，立法职权包括提出重要法案、讨论和通过法案、提出质询、提出和通过财政法案。君主的立法职权包括批准并颁布法律，制定文官管理法规，颁布枢密院令和特许状，召集、中止议会会议，解散议会，任免重要官员。整体立法程序主要分为提出议案、经过"三读"[1]讨论决定，以及送请君主批准公布。最高法院是英国的最高法律机构，主要负责审理最高法律案件和解决宪法争议。苏格兰议会则是负责苏格兰的立法机构。1988 年，英国议会成立议会科技办公室，致力于开展技术评估及战略咨询。该机构为议会提供对科技领域公共政策问题的独立、平衡、客观的分析，同时也是欧洲议会技术评估网络的首位成员。

英国政府实行内阁制，由君主任命在议会中占多数席位的政党领袖出任首相并组成内阁，负责领导英国政府的全部行政事务，内阁向议会负责，同时议会各项决策也需要得到首相/内阁的批准才能履行。英国行政机构包括 24 个部级部门（包括内阁办公室，商业和贸易部，科学、创新和技术部，财政部，国防部等），以及 570 多个其他机构。其他机构包括 20 个非部级部门（如竞争和市场管理局）、420 多个局/署及相关公共机构（如先进研究发明署等）、113 个高级别团体（如国家网络安全中心等）、19 个国有企业（如国家物理实验室等）等。部级部门根据责任范围和职能，对重点领域工作进行规划管理；其他公共机构配合政府部门，在各自领域发挥重要作用。英国君主立宪制度体系示意图如图 5-1 所示。

---

1 英国议会对立法案的讨论决定要经过"三读"程序："一读"宣读议案名称，说明目的，确定"二读"的日期，将议案分发给议员；"二读"对议案逐条朗读，并针对其原则进行讨论、表决，如通过则将议案交给专门委员会审查和修正；"三读"对议案进行表决，这时只讨论整个法案可否成立，不许逐条讨论，除文句外，不得修改内容。"三读"通过后交另一院通过，另一院也经过"三读"程序加以审议。

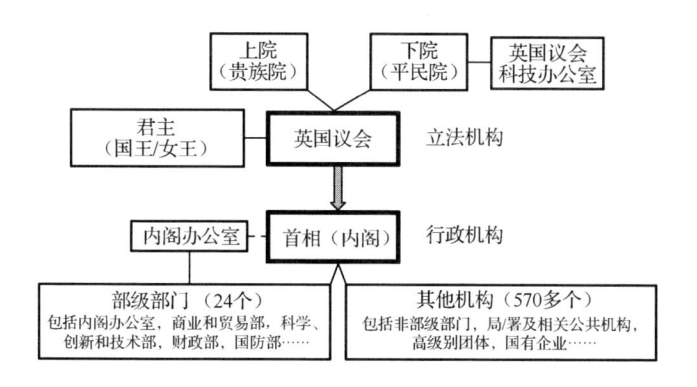

图 5-1 英国君主立宪制度体系示意图

5.1.2 重塑以适应以自主创新为目标的机构职能

在英国政府体系中，首相是英国政府的领导，是代表英国王室和民众执掌国家行政权力的最高官员。现任首相是英国执政党保守党新党首里希·苏纳克（2022 年至今），英国历史上著名的首相包括温斯顿·丘吉尔（1940—1945、1951—1955）、玛格丽特·希尔达·撒切尔（1979—1990）、安东尼·查尔斯·林顿·布莱尔（1997—2007）、特雷莎·梅（2016—2019）、鲍里斯·约翰逊（2019—2022）等。

英国现行部级部门有 24 个。其中与科技安全直接相关的部门包括科学、创新和技术部（Department for Science, Innovation and Technology, DSIT），商业和贸易部（Department for Business and Trade, DBT），能源、安全和净零排放部（Department for Energy Security & Net Zero, DESNZ）（见表 5-1）；有部分科技安全职能的部门包括外交、联邦和发展事务办公室，国防部，教育部，文化、媒体和体育部，内政办公室等 5 个部门；科技安全支撑服务部门主要包括内阁办公室、财政部、总检察长办公室、司法部、上院领导办公室、下院领导办公室等 6 个部门。每个部级部门都与不同专业领域的公共机构密切联络配合，形成科技安全政策研究制定、实施落地的闭环体系。以科学、创新和技术部为例，配合工作的合作机构包括4个行政专署（"建设数字英国"机构、知识产权办公室、英国气象局、英国航天局）、3个行政类非部门公共机构（英国先进研究发明署、信息专员办公室、英国国家科研与创新署）、1个法庭（版权法庭）、2个国有企业（国家物理实验室、陆地测绘局）以及5个其他部门（英国科技投资有限公司、政府科学办公室、英国通信管理局、电话付费服务管理局、英国共享业务服务公司），分别负责不同的科技安全事务和方向。

表5-1 与科技安全直接相关的部门与职责分工

名　　称	相　关　职　责	类　　型
科学、创新和技术部（DSIT）	推动英国走在全球科技最前沿，建立世界一流的研究开发领域和全球合作网络，指导提升研发投入水平：①提升优势领域的研发投资；②促进多元化的研究和创新系统；③优化公共服务和人才培养机制；④加强国际科技合作；⑤实施关键立法和监管改革；⑥推动《在线安全法》通过	部级部门
商业和贸易部（DBT）	通过支持英国企业、促进投资和自由贸易来促进经济增长：①制定竞争政策和规则；②确保企业投资安全；③促进英国企业发展和出口；④通过消除壁垒和贸易协议开辟新市场；⑤促进自由贸易、经济安全和供应链韧性	部级部门
能源、安全和净零排放部（DESNZ）	确保英国长期能源供应，降低能源成本，并将通货膨胀率减半：①确保全年能源供应安全；②确保履行绿色净零排放；③提高能源利用效率；④改变电力消费方式；⑤发展绿色零碳排放产业；⑥通过能源法案，支持新能源发展	部级部门

英国自早期起就对科技安全予以支持。1916年，英国政府设立科学与工业研究部，并跟随时代变迁不断优化其职能。2023年初，英国政府进行了架构调整，将原商业、能源和工业战略部（BEIS）拆分为3个部门：科学、创新和技术部（DSIT），商业和贸易部（DBT），能源、安全和净零排放部（DESNZ），国家安全和投资政策责任由内阁办公室承担。这一改组旨在应对2020年英国"脱欧"后的新挑战，聚焦科技创新发展，确保其驱

动经济增长、增加就业机会、改善民众生活水平，首次将英国关键技术的资助和管理责任合并到一个部门。

在网络安全领域，英国政府也根据时代发展需要进行了机构创建改革和职责调整优化。近年来，英国政府根据网络安全战略顶层规划，先后组建了多个新的职能机构，负责国家网络安全战略、国家网络安全计划等方面的管理和协调工作。根据《在线安全法》，英国通信管理局是英国网络安全监管机构，其部分职能也包括打击网络非法内容等。英国外交、联邦和发展事务办公室负责维护英国整体安全，配合联络的情报信息安全类公共机构包括政府通信总部、英国政府通信中心和秘密情报局。2016年成立的英国国家网络安全中心（National Cyber Security Centre，NCSC）隶属于政府通信总部，由原政府通信总部信息安全部门、网络评估中心、英国计算机应急响应小组合并而成。该机构主要负责研究并提供网络安全指导建议、网络安全事件的应急响应处置等，提升网络安全能力、协助降低网络风险。

5.1.3　优化以创新机制模式为驱动的治理体系

英国历任政府都非常重视科技安全，强调科技发展的重要性，同时关注衍生的科技伦理和安全风险问题。布莱尔、梅、约翰逊、苏纳克等几任首相，都曾在不同场合强调英国科技发展的辉煌历史，科技对英国持续繁荣的重要作用，以及通过加强科技投入和企业创新等方式坚守科技高地。英国历届政府通过优化、完善和创新相关科技咨询、管理、治理等重点工作机制，推动科技发展，保障科技安全。

1. 发挥咨询机制优势，谋划科技发展蓝图

英国通过建立完善科技咨询机构，创新政府首席科学顾问制度等机制，把握科技安全发展方向，提出重要战略政策议题，为科技安全谋篇布局。英国政府部门设立科技咨询机构，有学者曾将英国咨询机构分成两类："专型"机构仅提供咨询服务，"综型"机构除了提供咨询服务还开展研究、培训等服务。目前英国重要的科技咨询机构包括英国科学技术委员会（The Council for Science and Technology，CST）、政府科学办公室、英国国家科研与创新署、英国皇家学会（Royal Society，RS）及英国议会科技办公室等。

在机制构建方面，1964年英国正式设立政府首席科学顾问制度，是较早在国家最高决策层面建立科技咨询制度的国家之一。首席科学顾问设立于英国政府内部，与各类科技咨询机制有机串联，领导国家科技委，并直接向首相内阁汇报。该制度呈现"网络式"特色，关键职能包括：对英国科技安全发展重要政策问题提出咨询建议，为应对危机突发事件提供科学咨询，协助制定英国科技战略，建立英国科技咨询规则，通过"挑战决策"推进政策监督等。

2. 完善科研管理机制，提升科技创新效能

为解决科技管理职能分散、目标不明等问题，英国政府对科技管理体系进行了"重新洗牌"。2018年，政府整合了以学科领域为基础的7个独立专业理事会[1]，以及英国创新署（Innovate UK）和英格兰研究署（Research

---

[1] 7个独立专业理事会包括：艺术及人文科学研究理事会、生物技术与生物科学研究理事会、工程与自然科学研究理事会、经济与社会科学研究理事会、医学研究理事会、自然环境研究理事会、科学及技术设施理事会。

England）2 个机构，成立英国国家科研与创新署（UK Research and Innovation，UKRI）。该机构接受当时商业、能源和工业战略部指导和资助，现在隶属于科学、创新和技术部。在"脱欧"之后，作为最大的科研计划管理和公共资助机构，英国国家科研与创新署在英国整体科技战略规划、研发资源整合、资助基金运作及政策制定与管控等方面发挥了重要作用，具有深刻影响力。此外，借鉴美国国防高级研究计划局（DARPA）的科研管理模式，英国创建了新型研发机构——英国先进研究发明署（Advanced Research and Invention Agency，ARIA），通过管理创新，实施颠覆性和变革性的技术创新和资助工作。

在统筹科研项目规划管理机制方面，英国国家科研与创新署呈现几大特点：一是改革双重资助体系[1]，强化科教体系充分互动。二是实施五大资助计划以推进重点领域创新，包括英国国家科研与创新署未来领袖奖学金计划、地方强化基金、AI博士培训基金、全球挑战研究基金、产业战略挑战基金等。三是实施内外协调的项目双重监管机制。

3. 强化安全保障机制，推动科技自主

在英国科技安全保障和风险治理方面，尤其是在网络和数据安全领域，英国拥有相对完善、独立、系统的安全保障体系。英国皇家联合军种国防研究所曾撰文表示，安全保障机构改革的必要路径包括：形成系统一体化的架构，将各部门工作融入国家整体安全决策；通过技能与人才计划，提高人才技能和经验能力；明确交付责任分配；建立世界级风险识别及预警系统；持续关注重要紧急事件。这也是英国构建体系化科技安全机制的重要思路。

---

[1] 英格兰高等教育委员会采用"拨付式"的资助方式为大学提供科研基金，其经费分配主要按大学研究水平来确定；英国7个专业研究委员会采用"项目式"的资助方式，以研究项目或研究计划的形式支持高校及科研机构开展研究工作。

英国数据安全治理机制呈现"以关键法为核心制度、重视个人数据安全与人权、制度涉及领域广、制度演进由外及里"等典型特征，并逐渐形成了与之匹配的组织机构体系，具备"紧密联系、协同共治、一体运行的'一中心一张网'组织机构特征"。

5.2 优化前沿引领、战略联动的政策体系

英国在科技安全领域的政策法规体系完整，覆盖的文件类别和领域广泛。按照类别，英国政府官方发布文件通常分为研究报告与统计分析（如报告、统计数据等）、政策与咨询报告（如规划、计划、指令、磋商文件等）、指导文件与规章制度（如战略、指引、条例等）、信息公开（新闻稿、信息发布等）、法律与司法程序等。其中，法律主要包括议会已经通过的法律法规法案等，正在经过审议或"三读"程序的法案。

5.2.1 推行驱动创新、防范风险的演进路径

英国是近代世界科学技术中心之一，有着悠久的科学传统，整体科技政策的演进经历了三个阶段。

萌芽阶段（16—18 世纪）：英国拥有深厚的科技创新基础。16 世纪以来，就出现了如牛顿、达尔文、法拉第等科学大咖，在经典力学、进化论、电磁学等方面成就斐然。17 世纪，成立英国皇家学会，建立现代科学体制。英国率先建立专利制度以保护和激励技术发明者；同时开始以法律手段进行技术进出口管制，禁止羊毛、钢铁等出口，并处罚诱惑技术工人出国的人。

成长阶段（19—20 世纪中叶）：英国是第一次工业革命的发源地。19世纪，英国一举成为科技和工业强国，非常重视科学知识应用及工艺技术革新，同时在物理、化学和生物等领域的科学成就突出，发明了世界上第一只电子二极管，并发展了相关技术。在两次世界大战期间，英国的科技战略随着军事和国家竞争力的变化而调整，增加了科技投入，重点推动原子能、航空航天、军事技术等领域的发展，科技竞争策略也服务于战争，英国的飞机、雷达等制造技术达到欧洲领先水平。此外，英国还专门成立科学与工业研究部、医学研究专业委员会等科技专业机构，制定了"知识驱动型经济"政策。

复苏阶段（20 世纪末至今）：随着金融危机在世界范围内爆发，英国经济压力加大，政府也提出要统筹科技、产业和政府力量，成立内阁科技办公室，随后并入贸易与工业部。1993 年，英国发布首个国家科技发展战略；2004 年，英国首次制定发布长期科技发展计划。英国"脱欧"及遭遇新冠疫情后，政府逐渐整合重构科技安全发展体系，改革科研与创新资助体系、优化政府机构职能、发布重点领域政策，更加注重安全评估审查和科技风险治理。

宏观来看，科技发展之路影响着英国科技安全政策体系的演进，政策演进路径也呈现出鲜明特点。

1. 科技创新引领英国科技发展

英国政府注重科技创新，关注前沿技术，在科技创新与产业发展战略规划中，多次强调"数字化"目标措施，鼓励安全可信的数据开放和创新应用。以 AI 为例，英国陆续发布《AI：未来决策的机会和影响》（2016）、《在英国发展 AI》（2017）、《产业战略：AI 领域行动》（2018）、《国家 AI 战略》（2021）、《AI 路线图》（2021）、《国防 AI 战略》（2022）等战略报告，显示 AI 等前沿技术的优先发展地位。

2004 年，面对科技优势逐渐缩小的形势，英国政府开始将目光投向创新，推出长达十年的顶层框架文件——《英国 10 年（2004—2014）科学和创新投入框架》（以下简称"十年框架"），提出"技术转移、企业创新、多方互动"等多项创新政策，为科技创新体系奠定坚实基础。2008 年，面对金融危机的挑战，英国发布了《创新国家》白皮书，系统分析了英国创新体系现状及具体政策举措，从政府、企业、产业、技术、人才等多方面构建了科技创新框架。2011 年，面对经济下行压力，英国研究制定了《面向增长的创新与研究战略》，提出在重点领域完善英国科技创新体系、构建创新生态系统、促进经济增长的重要举措。2014 年，英国发布《我们的增长计划：科学与创新》，提出把发展未来新兴技术及产业作为优先领域。2017 年，英国发布《现代产业战略：构建适应未来的英国》白皮书（以下简称《现代产业战略》），提出产业发展新战略以促进经济发展，强调新技术和科技创新的突出作用；专门发布《数字英国战略》，旨在推动政府、企业的数字化转型，将"脱欧"后的英国打造成为全球数字经济创新中心。2021 年，英国为应对"脱欧"、新冠疫情、新工业革命和全球竞争等综合挑战，商业、能源和产业战略部发布《英国创新战略：创造未来，引领未来》（以下简称《英国创新战略》），明确提出支持 AI、先进计算、先进材料等 7 个关键技术方向，旨在通过做强企业、人才、区域和政府四大战略打造卓越创新体系，将英国打造成为全球创新中心。2022 年，英国政府发布新版《数字英国战略》，明确英国发展数字经济的六大支柱；英国国家科研与创新署发布《UKRI 2022—2027 年战略：共同改变未来》，这是 UKRI 为实现将英国打造成全球科技超级大国和创新国家的目标而制定的第一个 5 年战略，提出了构建卓越科研体系的 6 个世界级战略目标，并就如何实施该战略提出了针对每项目标的优先行动事项。2023 年，英国政府改组后发布《科学技术框架》，提出十项重点措施，创新部门协调方式，力争使英国在未来十年处于全球科技前列。虽然经历阶段不同，面临形势不一，但英国创新驱动发展的内核不变，保持科技辉煌地位的决心不变。

2. 科技安全纳入国家安全范畴

网络安全是科技安全的重点内容，科技优势可以转化为军事、经济、政治优势，也为英国国家安全奠定基础。2021年英国发布的《竞争时代的全球英国：安全、防务、发展和外交政策综合评估报告》（以下简称《综合评估》）作为重要安全战略文件之一，于2年后更新发布（《综合评估更新2023：应对更具争议和动荡的世界》）。《综合评估》提出"通过科技维持战略优势"等目标，并列出五大领域[1]以确保国家安全韧性发展，强调加强网络生态系统、构建数字化英国、引领新技术等优先事项，尤其是2023年的报告强调对网络空间威慑能力的投入。此外，2010年英国发布《国家安全战略：不确定时代的强大英国》《战略防御与安全评估：保护不确定时代的英国安全》等战略文件，将别国针对英国网络空间的攻击和大规模网络犯罪列为国家主要威胁和"高优先级风险"。

在网络安全战略方面，英国政府分别于2009年、2011年、2016年连续发布三版《英国网络安全战略》，通过调整机构、加大投入，聚焦于维护网络安全、提升本国网络安全产业竞争力等方面，建立更安全、可信和可恢复性强的网络空间环境，保障英国的经济繁荣、国家安全和社会稳定。2022年，英国发布《政府网络安全战略2022—2030》，包括五大目标与详细计划清单，旨在树立英国作为网络大国的权威，首次明确强调政府机构等公共部门在面对网络风险时的安全保障措施和要求，从而抵御网络攻击、实现一体化安全防护。

---

[1] 包括：能源、气候、环境和健康，经济，民主与社会，网络安全和韧性，以及英国边境等。

产业链供应链安全保障也被纳入英国国家安全战略范畴。2010 年以后，英国政府相继出台国家供应链发展战略政策、各关键产业供应链发展专项指引等系列政策文件，以提升供应链服务水平，引导产业复苏发展。例如，制定《加强英国制造业供应链：政府和产业行动计划》，面向制造业供应链开展顶层设计；制定《增强英国供应链：建筑和基础设施建设计划》《英国工业战略：全球供应链基础设施计划》等专项基础设施行动计划，提高供应链稳定性。2024 年，英国发布首个《关键进口和供应链战略》，提出相关措施，以保障英国药品、矿产、半导体等关键产品的供应。

3. 数据治理体系构建愈加完善

在数字经济时代，英国拥有显著的数字化优势，数据作为国家基础性科技战略资源也与国家（科技）安全息息相关，英国很早就关注数据安全，也在不断完善数据资源的开发、利用、保护等制度。2009 年，英国政府提出"让数据公开"倡导计划，发布《迈向第一线：更智能的政府》；2012—2015 年先后出台《公共数据原则》《开放数据宪章》《抓住数据机遇：英国数据能力策略》《开放政府合作组织英国国家行动计划 2013—2015》《国家数据战略》，以及多份国家行动计划，充分体现英国政府对于政府数据开放治理的重视。

数据开放及安全治理问题也受到重视，在英国数字化战略等综合性政策文件中，数据安全治理也是不可或缺的内容。"脱欧"期间（从 2013 年计划脱欧到 2020 年正式脱欧），英国半数以上数据治理政策法规是基于欧盟各项指令制定的。在个人数据安全方面，英国议会先后通过《隐私与电子通信条例》(2003)、《通用数据保护条例》(2006)、《适龄设计规范》(2020)，并多次修订《数据保护法》(1984，2018)、《电信（安全）法》(2003，2021)，明确了个人数据权利自由，并保护了个人数据隐私，正在审议的《数据保护和数字信息法案》旨在通过一系列条款更新和简化英国的数据保护框架；在政府数据安全方面，英国颁布了《信息自由法》(2000)、《自由保护法》(2004)、《开放数据宪章》(2013)等政策法规。在网络数据安全方面，英国颁布了《计算机滥用法案》(1984)、《网络和信息安全指令》、《网络安全法》(2017)、《网络和信息系统安全法规》(2018)、《在线安全法》(2023)等法规，采取零容忍方式保障儿童免受网络侵害，确保成年人对网络浏览内容有更多选择权。

5.2.2 构建引领发展、安全可控的战略政策

根据科技安全发展的三大内涵，目前英国的政策法规体系主要分成两类：一类政策法规聚焦创新发展，引导科技创新和产业发展；另一类政策法规围绕科技自立与风险治理，保障包括网络和数据安全在内的科技安全。

1. 顶层谋划，创新驱动发展

英国政府科技安全机构优化调整后，政策战略体系整体呈现"顶层指导、领域落地"的特点，在创新发展方面以顶层框架文件为主导。2023 年 3 月，英国政府首次对外发布了《科学技术框架》，并于 2024 年 2 月更新了相关实施进展。

该框架提出了十项重点措施，涵盖关键技术研发、人才培育引进、融资采购支持、数据标准服务、国际合作参与等方面，以塑造科技格局，展示科技实力。其主要内容如下：一是开发和部署关键技术。在 AI 方面，启动 AI 和数字中心试点；在工程生物学方面，成立新的工程生物学指导小组；在未来电信方面，构建未来电信技术愿景，注重前沿研究向国际标准的转化；在半导体方面，在多个半导体技术创新知识中心加大投资；在量子技术方面，加大投入开发量子计算、量子网络以及工程量子技术设备

和组件,并开放国家量子计算中心。二是展示英国的优势和雄心。增加"地平线欧洲"的参与度;利用伦敦科技周等关键活动来展示英国优势和成就,推动英国成为科技超级大国;利用"杰出人才"活动吸引高素质人才。三是确保研发投入。英国将保持稳定投入;努力推动海外投资进入英国关键研发领域;实施研究风险催化剂计划,探索创建至少一个新的研究组织,成功的企业最终可获得高达 2500 万英镑的政府资金以及来自非公共来源的额外共同投资。四是加强人才技能培训。启动教育部技能仪表板,以监控关键技术的科技技能供需情况;启动模块化加速计划;支持新的 AI 未来补助金计划;发布太空劳动力行动计划。五是创新科技企业融资。为地方政府养老基金设定目标,将现有的私募股权分配增加一倍至 10%,以支持高增长企业,到 2030 年可能释放约 300 亿英镑的资金;从 2024 年 4 月起,将现有的研发支出抵免计划和中小企业计划合并为单一的研发税收减免计划;启动一项新的 300 万英镑的科技风险投资奖学金计划;推出 4 亿英镑的中部引擎投资基金Ⅱ和 6.6 亿英镑的北方动力投资基金Ⅱ;就先进制造业的融资问题发出"证据征集"并建立行业论坛。六是强化采购支持。通过开发面向供应商的自我评估"AI 管理要点"工具,继续支持英国 AI 供应链整体质量的提高。七是加强国际合作。通过多双边协议加强与领先科技国家现有的科技双边伙伴关系;从非洲开始,提供 3800 万英镑资助世界各地 AI 项目的发展。八是完善物理和数字基础设施。制定国家研发基础设施的长期计划,一方面完善多样化、灵活和有韧性的基础设施,支持技术发展,与全球合作伙伴共同开展重大科技项目;另一方面通过提升基础设施服务的可及性来吸引人才和投资,为创新技术的发展奠定基础。九是完善法规和标准体系。利用英国脱欧后的自由,制定世界领先的、有利于创新的法律法规,影响全球技术标准。十是建设以创新为导向的公共管理服务体系。在英国的公共部门中打造支持创新的文化,以改善英国的公共服务运行方式。

2. 前瞻布局，聚焦关键领域

作为电子工程、半导体设计和光电学的创新基地，英国非常关注前沿技术和关键产业，近年来围绕 AI、大数据、量子技术等新一代信息技术，以及通信、航空航天、汽车等重点领域，研究出台专项政策规划、白皮书、新兴技术和产业发展战略或路线图，确立科技安全优先事项，为重塑关键领域优势地位发挥重要作用。

2012 年，英国把知识密集型服务业和先进制造业作为支柱产业，相继出台包括航空航天、信息经济等在内的 11 个[1]重点产业战略规划。在关键技术领域，英国发布了《新兴技术与产业战略 2014—2018》，2023 年发布并启动实施了《国家量子战略》、《英国量子技术路线图》、《英国国际技术战略》、《无线基础设施战略》、《英国电池战略》和《国家半导体战略》，提出计划在未来十年投资 10 亿英镑用于改善基础设施、提升芯片行业韧性、推动半导体设计研发合作。在生命科学领域，英国陆续发布了《英国动物替代技术路线图》《英国合成生物学战略计划》《工程生物应用战略》，提出提供 6.5 亿英镑的一揽子计划。在航天和核领域，英国发布了《行动中的国家太空战略》，提出恢复国家太空委员会；发布了《民用核能：2050 年路线图》，概述英国 70 年来最大规模核能扩张的计划，规划英国核电部署关键行动和时间表，以期实现 2050 年核电装机规模翻两番的目标。此外，英国也关注关键产业链供应链安全问题。2024 年伊始，英国正式启动《关键进口和供应链战略》，旨在保障英国半导体、药品、矿产等关键产品供应，提高应对供应链冲击的能力，有助于为英国企业创造一个更安全的贸易环境。该战略强调了英国商业和贸易部与企业之间建立关键供应链信息分享

---

1 11 个重点产业战略规划包括航空航天、生命科学、农业技术、汽车、建筑、信息经济、国际教育、核能、风能、石油和天然气、专业和商业服务。

机制，以防供应链断链；创建在线门户，允许企业集中报告进出口事项；成立关键进口委员会；根据《大西洋宣言》等条约开展与盟友间的供应链合作，英国将与美国等合作伙伴制定新的关键矿产协议。该战略还规定政府与合作伙伴在5个优先事项上开展合作，并提出18项优先行动。

3. 规避风险，安全保驾护航

在鼓励科技创新的同时，英国政府也利用政策法规体系，防范科技风险，保障科技安全。在前沿技术方面，随着生成式AI的影响不断扩大，AI的知识产权风险浮出水面，为此2023年英国最高法院裁定，英国专利法不允许在专利申请中将AI系统列为"发明人"；同时发布AI监管白皮书，提出监管五大原则，要求企业正确理解开发和使用AI所涉及的管理、技术、软件、数据、法律、工程和安全等方面的问题和风险。自动驾驶技术逐渐融入人们生活，英国正在审议中的《自动驾驶汽车法案》主要为道路和其他地方的自动驾驶汽车制定监管法律框架和安全原则。对于敏感技术，英国颁布《国家安全和投资法》，规定发生在特定敏感领域的特定交易需主动向相关投资安全"审查部门"进行强制申报。在数字市场方面，英国竞争和市场管理局发布《数字市场、竞争和消费者法案》，旨在杜绝不公平行为，促进数字市场竞争。

此外，英国通过制定颁布数据保护法、网络安全法、网络犯罪法、互联网监管法等一系列法律法规，保护信息安全和公民个人隐私，如《网络和信息系统安全法规》(2018)明确规定网络提供商的法律义务是保护信息系统的可用性和关键服务的连续性；《产品安全和电信基础设施法案》(2022)规定可连接互联网的产品，以及能连接到此类产品的电子通信基础设施产品都必须安全，要求相关供应链上的企业必须符合规定。

5.3 打造协同联动、自主可控的工具方法

英国的科学技术产业长期领先全球，重点领域包括军工（航空航天、发动机等）、信息通信（半导体、AI 等）、汽车、金融科技、制药等。2020 年英国航空航天产业直接从业人员超过 38 万人，营业额达 790 亿英镑，出口额达 450 亿英镑。ARM 公司是全球领先的半导体知识产权提供商，全世界超过 95%的智能手机和平板电脑均采用 ARM 架构。英国的 AI 产业也在蓬勃发展，截至 2023 年，已雇用超过 5 万人，2022 年其经济贡献达 37 亿英镑，拥有的 AI 供应商数量是其他欧洲国家拥有总和的两倍。英国是最早采用无线局域网的国家，其互联网普及率和电子商务发展处于世界领先地位。然而，自英国"脱欧"以来，其商业投资、研发创新和生产率水平等均受到冲击，为此政府采取多种措施，利用多种政策工具和方法解决这些问题，以使英国在科技研发方面更具创新性，并巩固其整体科技安全地位。

5.3.1 多管齐下重塑全球领导者的科技实力

英国政府为实现"重塑科技竞争力"目标，通过增加资金投入和项目支持、加强人才培育引进、注重数字基础设施建设等多项政策措施推动技术进步、企业创新、产业转型和经济发展。

1. 加大对重点领域创新投入

英国政府深知科技创新需要大规模的真金白银，所以在战略规划中频

繁强调加大科技创新资金投入和项目支持。

一是增加研发投入。英国政府宣布了多项政策计划来增加研发投资预算，《科学技术框架》（2023）提出，将政府研发投资总额提升至每年200亿英镑。2022年秋季预算计划到2024—2025财年，公共研发投入将从2021—2022财年的149亿英镑增至220亿英镑，增幅达到33%，承诺到2027年将研发总投资提高到经济产出的2.4%。在2022—2023财年，政府通过税收减免、贷款、担保、股权融资等政策组合提供了超过110亿英镑的资金支持创新改革。2022年英国国家科研与创新署创纪录地宣布251亿英镑的研发预算；其资助计划中包括"产业战略挑战基金"，该基金旨在围绕国家卫星测试设备、无人驾驶汽车、安全机器人等前沿领域，计划在4年内提供47亿英镑用于开展科技创新项目。

二是关注重点领域。英国聚焦AI、量子计算等前沿关键领域，以期通过技术促进经济社会发展。英国国家科研与创新署2023年末发布《洞察报告：创新英国的50项新兴技术》，提出未来影响人们生活的50项新兴技术，涵盖AI、数字和计算，先进材料与制造，电子学、光子学与量子技术，能源与环境，生物技术，健康与医疗技术，机器人与空间技术等七大领域。尤其是在AI领域，一方面政府通过2018年与产学各界合作出台《AI产业发展协议》，明确了政府与产业以7∶3的比例支持AI发展；另一方面成立了专门机构——AI理事会，负责协调和监督协议执行，并设立了跨政府部门——AI办公室，负责制定AI战略和政府采购AI框架，指导有关部门实施AI解决方案。此外，英国政府于2023年宣布对AI研究资源的投资增至3亿英镑，推动英国超算能力提高超过30倍；相应地，政府将再投入5亿英镑用于AI算力建设。在"AI+"产业融合方面，能源、安全和净零排放部宣布向"AI脱碳创新计划"投入近400万英镑以支持开发用于能源和脱碳应用的创新AI技术；科技大臣宣布投入1300万英镑资助22个医疗保健方面的AI创新项目，促进医疗行业发展。此外，英国政府宣布投资

4500万英镑，加速量子技术在医疗、能源、交通等领域的发展应用，并宣布3项资助共计投入2.63亿英镑用于支持清洁供热、可持续航空燃料以及电池等净零技术研发创新。

> **专栏　英国国家科研与创新署资助AI安全开发**
>
> 2023年，英国国家科研与创新署落实《科学技术框架》，在AI领域进行系列投资，进一步巩固和扩大英国在AI方面的全球优势。
>
> （1）在负责任和可信AI方面，投资3100万英镑支持英国负责任AI联盟（Responsible AI UK），旨在创建一个英国和国际研究创新生态系统，推动负责任的人工智能的研发。
>
> （2）在企业可行性研究方面，投资200万英镑支持42个项目进行企业可行性研究，致力于开发一系列工具，促进AI在治理、公平、责任、透明度、可说明性、安全性、可解释性、隐私和安全方面的评估。
>
> （3）在实现净零目标方面，投资1300万英镑支持13个项目，重点关注开发AI技术以开展可持续性更高的土地管理，加速高效节能的二氧化碳捕获，提高对自然灾害和极端事件的抵御能力，加快选择耐气候、产量高、对环境影响最小的生物燃料作物。
>
> （4）在图灵AI世界领先研究员奖学金方面，投资800万英镑资助牛津大学的Michael Bronstein和Alison Noble对AI面临的一些巨大挑战开展开创性的工作。

三是鼓励企业创新。英国商业和贸易部于2024年初宣布启动"独角兽王国：英国科创探路者大奖"，面向全球增长型企业开放申请，聚焦AI、自动驾驶、网络安全和数字贸易等四大领域，奖励为解决实际问题提供创新解决方案的科技企业。英国科技委员会发布《关于鼓励对创新科技公司进行规模化投资的建议》以鼓励创新。《英国创新战略》提出建设多元化金融生态，将养老金作为资助创新型企业的替代资本，负责资金的三大机构

（英国商业银行、创新英国、英国先进研究发明署）运用资本和基金工具，提供资金支持，提升企业融资能力；加大税收优惠力度，改进研发支出抵免和中小企业研发减免计划，实行新的税收超额减免政策，以减轻企业创新过程中的资金压力；提出围绕关键技术建立由企业主导的、具有颠覆性创新的"深科技"研究项目。《数字英国战略》鼓励通过种子投资计划加大对初创企业的投资支持力度，促进科技企业IPO（首次公开募股），引导英国本土资本畅通金融渠道。

2. 加强科技人才引进培育

人才是科技安全的核心动能，为保持科技先进地位，英国抛出各式橄榄枝、不惜花重金招聘和培育优秀人才，提升人才素养，优化人才发展环境，汇聚国际科技人才，扩充高技能和高素质创新人才蓄水池。

一是想方设法招引人才。一方面，通过高校科研机构吸纳贤才。英国大约一半的博士生和约40%的研究人员为非英国公民，2001年英国政府与沃尔夫森基金会以及皇家学会合作发起一项高级人才招聘计划，每年提供400万英镑启动资金，帮助研究单位高薪聘请50名世界顶尖研究人员。英国国家科研与创新署发布"未来领袖奖学金"，计划投资9亿英镑，放宽申请条件，鼓励吸引国内外、行业内外的优秀人才。另一方面，通过移民和留学政策招揽精英。英国一度倡导"多元文化"和"多民族共存"策略，调整对外来移民的工作许可证制度，放宽对外国技术移民的法律限制。2023年英国推出"学在英国、实现自我"的国际学生招生宣传项目，并投入400万英镑作为担保金，支持留学生拿工作签证。2022年英国推出高潜力人才签证（HPI）项目，增加签证灵活性，旨在留住高素质移民。全球50所顶尖MBA院校的毕业生，可以直接申请英国"高技能人士移民计划"。同时，通过个人税收优惠、建立全球人才网络等方式，吸引全球顶尖创新人才。

专栏 "皇家学会-沃尔夫森研究成就奖"吸引人才
"皇家学会-沃尔夫森研究成就奖"始创于1976年,是国际最高学术大奖之一,每个奖项奖金为10万美元,帮助英国大学吸引和留住具有突出成就和有潜力的科学家。2001年,英国13位"皇家学会-沃尔夫森研究成就奖"(第二轮)获奖者中,有几位是美国著名科学家,可以受聘到英国工作,并获得平均4万英镑的奖金作为个人高收入和研究支出的补充。

二是千锤百炼培养人才。一方面,加强基础教育,完善STEM教育体系。英国教育部将编码课程作为中小学必修课程,举办计算机科学中等教育证书考试、计算机科学A级考试,提升中小学基础教育的含"科"量。《数字英国战略》提出增加STEM学科本科生人数,资助大学开设AI和数据科学等课程,并为相关研究人员提供奖学金。英国国家科研与创新署建立"AI博士培训基金",邀请10个到20个AI相关机构提出构建博士培训中心的建议,支持AI领域研究培训。另一方面,支持技能培训。英国教育部推出T-Level职业技术课程,将课堂学习和行业实习相结合,助力员工顺利进入职场、成为学徒或是继续深造。2017年英国承诺加大培训投入,在数学、数据和技术教育中投入4亿英镑,投入6400万英镑成立国家再培训计划。《英国创新战略》提出开展技能价值链项目,建立"技术学院网络",通过企业STEM专业培训,提升人员劳动技能和技术实力。《数字英国战略》提出加强与私营企业、第三方合作以提升成人数字技能。《AI路线图》强调扩大现有"高级AI技能培养计划",提升教师技能,并设立AI在线学院,营造终身学习的氛围。

三是千方百计服务人才。一方面,创新服务保障模式。强化英国高等教育职业服务中心职能,培训STEM教师并提供就业指导。技术教育研究所延续英国学徒制传统,推出"数字职业地图",搭建科技企业与教育界的交流平台。重视企业、产业和公共服务部门的作用，例如，英国2900家公共图书馆承诺提供免费无线网络连接、电脑和其他技术，以扩大普通人学习渠道。另一方面，破除体制机制藩篱。英国发布政策支持终身数字技能，通过税收减免和优惠手段激励企业扩大招收学徒，促进学徒流动。重组数字技能委员会，解决数字技能人才短缺和质量不足的问题。《英国创新战略》提出简化人才相关审核流程，重视年轻科研人员的早期发展，增加科研话语权。充分发挥标准评估规范作用，教育部发布基本数字技能的新国家标准。

3. 加快数字基建和区域发展

随着数字经济深入人心，英国政府逐渐意识到打造数字基础设施是英国政府科技创新的基石，区域化集群化发展则是科技创新的方向。

一是发展数字基础设施。2023年，英国国家科研与创新署投资1.62亿英镑，用于建设升级世界一流的设施设备，主要包括奋进项目、下一代引力波基础设施等重点科研基础设施项目；资助3800万英镑用于推动"英国电池工业化中心"的设备升级。《数字英国战略》提出英国将投资超300亿英镑来加快宽带部署，加快4G、5G建设和研发，实施"无线基础设施战略"，并加强公共电信设施安全。2017年，英国政府提出在基础设施领域，将2016年底成立的"国家生产力投资基金"从230亿英镑提高到310亿英镑，以发展交通、住房和数字基础设施，其中，1亿英镑用于对电动车基础设施的投资。同时，政府与私营机构合作成立了充电基础设施投资基金，并推动5G网络和农村地区宽带等基础设施建设。

专栏　英国国家科研与创新署推动英国电池工业化中心建设

英国国家科研与创新署通过法拉第电池挑战赛，投资3800万英镑用于英国电池工业化中心的设备升级，支持高新技术开发商和用户开展创新项目研究。

> 这项投资将用于三方面的升级建设：增建电极生产线，为电极涂覆、干燥和压延提供新的模块化生产能力；建立灵活的工业化生产空间，允许用户在严格控制的环境条件下开发个性化工艺或设备组件；引入先进的数字化制造能力，提供数据分析、先进机器学习以及可视化工具。
>
> 法拉第电池挑战赛还向高价值制造弹射中心投入了1200万英镑，用于建立先进材料电池工业化中心，专注于为当代和下一代电池材料提供合成与加工的创新能力。

二是重视数据要素资源。数据作为数字经济时代的战略基础资源越发得到重视。《国家数据战略》明确数据基础包括建设数据基础设施，提高底层数据质量等内容。《数字英国战略》着眼于加快发展隐私增强技术，通过智能数据投资计划推动跨行业和跨部门的数据合作，以帮助消费者和小型企业访问和使用其数据。《AI路线图》强调要重视"可信任且可访问的数据"，增加AI技术可访问的数据量，并采取措施实现有价值的安全数据共享。

三是推动区域创新发展。英国采取多种方式支持创新集群建设，促进区域创新环境实现均衡发展。《数字英国战略》提出通过区域实力基金（SIPF）支持包括威尔士、北爱尔兰等区域在内的5个制造业创新集群发展。《现代产业战略》提出设立改造城市基金用于发展城市之间交通联通。目前，以高校为主的集群，如剑桥创新集群[1]，已逐步成为英国区域经济增长的主要动力，这些集群不仅在科技创新园区和企业方面发挥着显著的带动作用，而且大学科技成果商业化转化进程明显，政产学研能够有效链接，形成合力，共同促进区域良性循环发展。

---

1 截至2022年，该集群拥有企业超27000家，员工总数超23万人，总营业额达480亿英镑，较上年增长10.8%。

5.3.2 多措并举维护友盟联动式的科技自立

为防止科技安全核心利益受外部影响,维护安全稳定的供应链韧性,英国通过深化国际多双边合作机制、优化科技安全自立环境、发挥评估标准可控作用等方式防范科技安全风险。

1. 深化国际多双边合作机制

英国与美国、欧盟之间存在历史和地缘的种种渊源,通过建立和深化盟友间的伙伴关系、加强国际多双边合作机制,维护英国科技安全自立自强。

一是深化盟友之间的全方位伙伴关系。英美两国正在逐步加强新的科技伙伴关系,英国继续把美国视为最重要的战略盟友和伙伴,并在网络安全政策方面扩大"五眼联盟"[1]合作。2021年,英美两国同意在新的《大西洋宪章》框架下签署一项伙伴关系协议,旨在加强科学和技术方面的联系,促进在关键供应链的安全和韧性、电池技术,以及新兴技术如AI等领域的合作,并于2022年发起了一次鲜见于报道的"技术和数据全面对话"。英国与日本继续深化"英日数字合作伙伴关系",在数字基础设施和技术、大数据、数字监管和标准、数字化转型等方面取得了积极进展;通过建立"半导体合作伙伴关系",利用芯片供应链多元化等方式来降低地缘政治风险。英国还与澳大利亚、加拿大、新西兰等"盟友"达成了贸易协议,其中包括对数字贸易的广泛承诺。

---

[1] 五眼联盟(Five Eyes Alliance,FVEY)是由五个英语国家所组成的情报共享联盟,成员国包括美国、英国、加拿大、澳大利亚和新西兰。

> **专栏　英日数字合作伙伴关系取得积极进展**
>
> 2024年1月，英国科学、创新和技术部（DSIT）与日本总务省（MIC）、经济产业省（METI）召开了第二届英日数字理事会部长级会议，回顾了合作进展并确认未来行动举措。
>
> 在数字基础设施和技术领域，在电信技术多元化方面，英日双方通过努力逐步实现5G供应链多元化；成立多个专注于供应商多元化的双边工作组，并继续强调在英日电信供应链多元化合作框架下的合作。在提高网络弹性方面，双方努力确保物联网产品的安全和隐私，并通过日本网络安全奖学金和竞赛等方式培养未来的网络领导者。在半导体产业合作方面，双方发布联合声明，加强半导体供应链韧性，并联合投资200万英镑用于半导体的早期研发。在AI合作方面，双方商定搭建广岛AI进程综合政策框架和工作计划，共同确保AI模型在设计上的安全性。
>
> 在大数据领域，在数据跨境流动方面，双方实施了双边项目，专门研究AI开发和使用数据流的问题，旨在加强对特定领域AI生命周期中跨境数据传输（包括数据本地化）障碍影响的认识。在数据治理方面，双方充分利用全球跨境隐私规则（CBPR），合作加强公民隐私保护。
>
> 在数据监管和标准领域，在网络安全方面，双方举行多次行政级别会议，讨论在线安全措施。在数字市场方面，双方通过分享政策制定方法路径与实践经验，加速了数字竞争政策的合作。在数字技术标准方面，双方继续在国际电信联盟（ITU）层面密切合作。在互联网治理方面，双方加强了在联合国未来峰会、联合国科学技术促进发展委员会、ITU、互联网名称与数字地址分配机构（ICANN）政府咨询委员会等方面的合作，包括阻止域名滥用。
>
> 在数字化转型领域，在政府转型方面，双方分享了政府机构培训和技术能力建设的实践经验，例如政务云建设，以提高政府采购支出效率等。在数字身份方面，双方交换数字身份认证立法信息。

二是加强重点领域的多双边合作机制。在数字经济领域，英国鼓励在七国集团和二十国集团等多边平台上讨论数字政策问题。例如，作为轮值主席国，英国于 2020 年就七国集团贸易部长达成的一系列数字贸易原则进行谈判。英国与外国政府达成双边协议，以确保实现无缝数据流。此外，英国还积极参与全球科技创新活动，通过"牛顿基金"等方式发展全球科技伙伴关系。

三是在科技方面与中国保持"暧昧"关系。一方面，英国希望保持友好合作关系。英国在 1978 年与中国签订了《中英科技合作协定》，谋求发展两国间友好关系和科技领域合作。2020 年，英国建议"继续寻求与中国建立积极的贸易和投资关系，同时确保我们的国家安全和价值观得到保护"。2024 年初，英国科学、创新和技术部数字技术和通信司司长、英国皇家学会副会长一行访华，与中国科技部国际合作司会见，双方表示将继续落实中英科技创新合作战略，实施中英旗舰挑战计划，共同推动在联合研究、人才交流、政策对话和学术研讨等方面的深化合作。另一方面，英国又在重点领域对中国实施打压。由于英国的很多政策都跟随美国，在美国对华为等中国企业实施制裁后，英国也提出要求移除相关华为技术。同时英国开展"中国能力计划"，培养"中国通"，增加对中国全方位的监控和了解。

专栏　英国跟踪美国"打压"中国

在美国对华为实施制裁后，英国政府最初在 2020 年宣布了针对华为的禁令，并于 2022 年发布法律文件，要求所有英国电信运营商在核心基础设施（也就是网络核心部分）中拆除华为设备；在征询行业意见后，从"核心"网络移除华为设备的要求被延后至 2023 年底。但在执行层面上，尚未如期完成。

2023 年 6 月，英国内阁办公室宣布，要求各政府部门从敏感的政府

> 场所，拆除中国制造的监控设备；此前，英国政府曾指责这些监控设备的生产企业（包括海康威视和大华公司）"受到《中华人民共和国国家情报法》的约束"。中国外交部就此曾表态称，中方坚决反对一些人泛化国家安全概念，无理打压中国企业。中国政府也将坚定维护中国企业的正当合法权益。

2. 优化科技安全自立环境

英国政府致力于为科技生态系统发展创造有利的环境，尤其是在关键产业领域打造韧性安全的供应链及数字环境、加强知识产权保护、加强出口管制等，充分保障企业的自主创新拥有肥沃的发展土壤。

一是打造韧性供应链和数字环境。英国于2023年出台的《半导体战略》提出计划在未来10年投入10亿英镑，以加强国内半导体产业和供应链，其中首期将于2023年至2025年投资2亿英镑，并在未来十年内将规模增至10亿英镑。这些资金将主要用于加强当前的产业链优势环节。在构建安全的数字环境方面，《国家网络安全战略》提出要采纳全面的网络战略，充分利用国家网络力量的攻击性网络工具来侦察、打断和威慑对手。

二是加强知识产权保护。《英国创新战略》提出优化创新成果商业化环境、加强知识产权保护等措施，通过政府采购推动基金项目，促进产学研合作，促进企业创新成果市场化。《综合评估》（2021）提出"新成立的投资安全处将保护英国的知识产权和公司免受国家安全风险，在必要和适当的情况下干预外来投资"。此外，英国针对中小企业实施"专利盒"制度，对企业基于专利进行的商业活动获利，只需交10%的税费。

三是完善出口管制。英国的"战略性出口管制"[1]（Strategic Export Control）由隶属于商业和贸易部的出口管制联合工作组负责，相关法律法

---

[1] 对军用品、两用物项、酷刑用品和放射源的出口管制。

规包括"脱欧"后继续保留使用部分欧盟法律、英国国内法、执行国际公（条）约下的协议等三类；出口清单包括战略出口管制清单和最终用途控制清单。更新后的《战略出口管制指南》强调英国战略出口管制的监管框架以及出口许可证申请途径。根据英国出口数据，英国商业和贸易部在2023年拒绝了14项向中国提供半导体技术的许可申请，被拒绝的大部分是半导体制造设备及其组件和软件相关申请，仅批准2项；相比2022年，拒绝5个许可申请，发放26个许可证；2021年，拒绝9个许可申请，发放26个许可证。

3. 发挥评估标准可控作用

英国加强对技术风险的识别和管理，包括对新兴技术的安全性评估以及制定相关的安全标准和规范，是确保科技可控和自立的重要措施。英国的标准在全球范围内也得到了广泛认可和应用，在规范行业应用等方面发挥了重要作用。

一是强化评估评价。英国在科技领域，通过建立健全系统和全面的评估评价机制，形成了科技评价程序和方式，尤其是在科研项目管理实施、科技风险防范等领域充分发挥作用。针对国家重大计划、重要学校机构和关系国计民生重点项目进行效果检查和评价，合理划拨和使用经费，以合同为载体，按照评价对象的不同采用不同的评价方法、评价程序和评价指标。这种评价主要通过学会、协会、中介等第三方机构完成，并严格筛选评价人员，采取网上公布等方式，以确保评价的客观、公平、公正。

二是完善标准组织。英国标准协会（British Standards Institution，BSI）是全球最早的标准化组织之一，通过制定和管理标准，促进质量、安全、可持续等方面的改进，同时开展标准、培训、测试、评估、认证和咨询服务，其制定的相关标准也涉及科技安全领域，例如2024年初发布的《数字化成熟度框架》《2024年全球供应链风险洞察报告》备受关注。此外，英国政府一直与欧洲电信标准协会（ETSI）、国际标准协会（ISO）等国际标准化组织合作，制定相关技术规范和标准。

三是提升合规应用水平。安全标准主要覆盖从产品设计到生产、销售、使用和维护等全生命周期的各环节，包括产品安全标准、服务安全标准、系统安全标准、管理安全标准等，已经在汽车安全等领域得到应用。《数字英国战略》提到投资26亿英镑用于维护数字系统、平台、设备和基础社会的安全，为联网设备设定安全标准，提升企业应对网络安全攻击的能力；还提出加大数据保护力度，采用更灵活合规的方法促进数据的开发和利用。

5.3.3 规则先行防范关键敏感领域的科技风险

英国国防科学技术实验室下属的创新资助与孵化中心——英国国防安全和加速器于2018年发布《未来安全科技趋势报告》，指出未来科技将改变人类的生活方式并带来新的威胁，需要为应对这些威胁提供新的方法。英国通过提升监管指导工具效能、关注科技伦理规范治理和强化科技投资审查力度等方式，防范规避科技安全及其带来的其他方面风险。

1. 提升监管指导工具效能

英国政府通过使用监管工具，加强科技安全领域监督管理指导作用，规范科技安全发展与技术应用。

一是数字领域监管强化。英国政府一直致力于为数字平台设计实施专门的竞争制度，要求一些科技公司提供数据转移或互操作性以促进竞争。英国竞争监管机构——竞争和市场管理局于2021年成立专门反垄断的数字市场部门（DMU），制定"战略市场地位"规范，负责监管互联网公司，并有权对其处以数十亿英镑的罚款。对谷歌和亚马逊等大型科技公司展开一系列反垄断调查也是其工作的一部分。《数字英国战略》提出实施"数字监管计划",旨在发展有利于创新和竞争的监管模式,并实施"在线媒体素养战略"。此外,英国还出台《在线安全法案》,旨在打击网络虚假信息,尤其在儿童保护方面,该法案比欧盟《数字服务法》更加严格。英国通过发挥第三方监管机构的教育监督职能,如英国学生事务办公室建立了课程设置、教学质量评估、学生就业三方面的评价标准,来提升英国数字科技人才培养质量。

专栏　金融科技监管创新
英国金融行为监管局作为主要金融监管机构,于2015年开启了"沙盒计划"。该计划提出在金融科技领域,一些可能存在较大市场风险的创新项目,可在正式进入市场前,在一个安全空间进行测试,当其达到安全水平后,再申请牌照许可,进而正式投入市场。

二是突出安全合规指导。在网络安全方面,英国通过制定并发布一系列指南或计划,如《保护互联场所:网络安全手册》《风险管理指南》《安全AI系统开发指南》以及"网络要素计划"(Cyber Essentials)等确保各类主体能及时识别、防范和抵御相关领域安全风险。近期,英国科学、创新和技术部与行业主管、网络和治理专家以及英国国家网络安全中心合作设计并发布"网络安全治理行为准则",提醒企业将网络安全提升到新高度。2022年,英国发布《隐性广告:社交媒体平台的原则》《企业责任和社交媒体宣传》《隐性广告:向受众明确说明》等三份关于社交媒体隐性广告的指导方针,分别针对社交媒体平台、企业和品牌方、内容创建者这三类主体给出合规指导。

2. 关注科技伦理规范治理

随着AI、大数据等数字科技的发展,相关伦理及规范问题也被提上日程，一系列监管政策和报告等相继发布，旨在规范英国数字科技的发展和应用。

一是重视 AI 伦理及规范。2016 年，下院科学技术委员会围绕机器人和 AI 技术的发展所引发的社会、法律和伦理等问题，以及如何解决这些问题展开调研讨论，形成《机器人与 AI》报告，建议英国政府成立 AI 特别委员会。2018—2020 年，英国加快成立数字科技伦理监管机构，政府发布《AI 在英国：基础、意愿和能力》报告。2023 年，英国上院发布《促进创新的 AI 监管方法》白皮书，推动负责任的创新，协同政府、监管机构和企业之间的合作，发挥监管制度的监控和推动协作的核心作用。英国信息专员办公室呼吁企业利用生成性 AI 工具"解决隐私风险"，同时宣布"对组织是否遵守数据保护法律进行更严格的检查"。英国竞争和市场管理局表示将对 AI 模型开发和使用中的竞争和消费者保护因素进行审查，并发布相关报告及七项监管 AI 的拟议原则，旨在保护消费者和指导竞争性的 AI 市场。

> **专栏　英国组织举办首届全球 AI 安全峰会**
>
> 2023 年 11 月，英国在首届全球 AI 安全峰会上发布由中国、美国、欧盟、印度、土耳其、沙特阿拉伯、印度尼西亚、菲律宾、巴西、智利、尼日利亚、卢旺达等 28 个国家和国际组织共同签署的《布莱切利宣言》，在管控 AI 风险方面发出全球呼声，并提出相关国际合作倡议。该倡议强调 AI 风险类型包括"其操纵内容或生成欺骗性内容的能力可能带来不可预见的风险，通用 AI 模型潜在的故意误用可能会产生重大风险，如网络安全和生物技术等领域的风险，以及前沿 AI 系统可能放大虚假信息等风险"。
>
> 英国与部分与会国达成《前沿 AI 模型的安全测试方案》，提出由政府和公司合作测试下一代 AI 模型，以应对关键的国家安全风险和社会危害。

二是关注大数据伦理。信息专员办公室的法律框架涵盖了数据伦理，有权处以罚款、停止处理个人数据，并对数据泄露进行调查。英国数字、文化、媒体和体育部以及政府数字服务局2020年就公共部门的数据使用发布《数据伦理框架》，建立英国数字科技伦理最重要的咨询机构——数据伦理与创新中心，旨在探讨如何以符合伦理道德的方式最大限度地发挥新技术的优势，并向政府提供建议。

3. 强化科技投资审查力度

在科技安全对外贸易和投资方面，英国也借鉴美国、欧盟等经济体的做法，通过加强投资审查等方式，针对关键、敏感领域技术进行限制，维护自身科技安全。其中，英国《国家安全和投资法案》（National Security and Investment Act，以下简称"NSI法案"）自2022年1月起启动实施，成为英国外国投资安全审查制度的主要适用规则。该法案创设了一套新的安全审查监管机制，授权英国政府官员审查和阻止可能损害英国国家安全的外资收购案。

根据NSI法案，发生在17个特定敏感领域[1]的特定交易需主动向英国政府相关投资安全部门（"审查部门"）进行强制申报，由相关内阁大臣作出最终决定。对于无须强制申报的交易，如内阁大臣有合理理由怀疑其可能造成国家安全问题，也可以进行主动介入调查，交易方也可以进行自愿申报。

审查程序主要包括初步审查阶段，实质审查阶段（主要评估标的风险、收购方风险、控制风险等可能对国家安全造成的风险），最终出具审查决定

---

[1] 敏感领域包括：（1）先进材料；（2）先进机器人技术；（3）人工智能；（4）民用核能；（5）通信；（6）计算机硬件；（7）政府重要供应商；（8）加密认证；（9）数据基础设施；（10）国防；（11）能源；（12）军事和军民两用领域；（13）量子技术；（14）卫星和空间技术；（15）应急服务供应商；（16）合成生物学；（17）运输。

等。也就是说，如果投资者希望涉足 AI 等敏感行业，收购一家公司的股份超过 25%，则将触发强制申报条款，即必须将该交易通知政府，相关部门启动审查并可能阻止该交易。在此之前，相关审查是由英国竞争和市场管理局进行的，大多涉及国防和军工领域，现在高科技领域也已成为政府比较关注的领域。

> 专栏　英国实施《国家安全和投资法案》之后
>
> NSI 法案生效后的 3 个月内，英国政府收到了 222 份通知，其中 17 份被要求进行补充审查。此前，英国政府曾估计每年可能收到 1000 份至 1830 份通知。
>
> 截至 2023 年 1 月，英国政府已阻止了 5 笔交易，并在另外 8 笔交易中限制了信息共享或添加其他警告等注意事项。与中国内地、中国香港和俄罗斯有联系的公司均被英国政府以"威胁国家安全"为由，阻止了相关交易。
>
> 其中，有两笔半导体交易因其收购者与中国相关被阻止，包括曼彻斯特大学与一家北京公司之间的共享运动相机技术交易，以及一家香港公司收购一家电子设计软件制造商。最引人注目的被阻止的交易之一是荷兰半导体制造商 Nexperia 以 6300 万英镑的价格收购英国最大的本土半导体生产商纽波特（Newport Wafer Fab）的全部控制权，Nexperia 的最终母公司——闻泰科技位于浙江省嘉兴市，并在上海证券交易所上市。

【总结分析】

英国独特的政治历史环境塑造了现实的"科技大岛"。作为美国的盟友和"五眼联盟"成员，其政治决策存在"唯美国马首是瞻"的"科技民族主义"倾向；作为欧盟的前成员国，英国骨子里沿袭着欧盟的重要科技制度和法律习惯；作为历史悠久的科技强国和大国，英国具备先进的科研管理经验，拥有众多高校、科研院所及创新机构，其科技安全发展土壤肥沃。与法国、德国等欧盟国家类似，近年来，英国不得不对发展和安全作出平衡，并寻找新的突破点和解决方案，以重塑其在全球的科技影响力和竞争力。

英国仍将科技创新作为经济发展的重要推动力，同时将科技安全治理作为国家安全的重要组成部分，为产业发展提供坚实支持。具体来说，英国在以下三个方面展开行动。一是致力于构建更加创新、高效、体系化的科技安全机制。英国制定了科技创新发展和安全治理的整体战略，明确了战略目标、重点和优先事项，并在具体领域制定了操作性强、可执行的政策措施，以全面指导国家科技安全体系建设。二是专注于塑造更加前沿、关键、可控的科技安全能力。英国政府擅长利用已有竞争优势，瞄准未来领域，塑造核心能力。英国政府通过识别关键领域、确定英国的科技安全优势和发展目标，并通过加强研发投资、培养人才和技能等多种措施手段，立体化打造具有竞争力的科技安全核心能力体系。三是专注于鼓励更加务实、有韧性、有活力的科技安全主体。中小企业是英国科技创新和风险治理的主体，英国政府通过发布科技安全实用指南、支持中小企业利用知识产权资产等创新措施，有力保障了中小企业研发活力。

第 6 章
以色列战略实践：开创与破局

以色列是世界科技创新大国，被誉为"第二硅谷"，拥有 7000 多家高科技领域的初创公司和近百家独角兽企业。以色列在 2023 年全球创新指数报告中排名全球第 14 位，并且在商业和市场成熟度、知识和技术产出等 9 项关键指标上均排名世界第 1 位。英特尔、英伟达、苹果和华为等数百家跨国公司均在以色列设立研发中心，高科技产业对其 GDP 的贡献率高达 90%以上。通过科技成果转化体系、环境支撑体系和科技金融体系建设不断引导未来产业创新，是以色列持续高速发展的关键密码。以色列凭借全世界排名第一的人均工程师数量和单位面积内最多的高新初创企业，成功实现了对科技基础薄弱、发展资源匮乏等不利条件的破局。随着以色列地缘政治风险的加大，支撑其科技发展的国际资本、人才和资源都受到了很大影响，而且针对其基础设施和科研设施的网络攻击日益频繁，使得以色列面临严峻的科技安全形势。

6.1 构建关键主体、多线协同的组织架构

以色列实行议会制政体，议会负责与科技安全相关的立法工作。首席

科学家办公室设立与科技安全紧密相关的政府部门，负责各具体专业领域。以色列以议会为引领，调动内阁与科技安全相关的各部门，发挥首席科学家办公室的重要作用，发动政府机构与非政府机构共同参与，构建起科技安全的整体组织架构。

6.1.1　巩固以首席科学家办公室为核心的整体架构

在现行体制下，以色列与科技安全相关的主要国家机构可以划分为四级（如图6-1所示）：第一级为议会，负责科技安全相关法律的制修订等工作；第二级为内阁，包括总理办公室、创新科学和技术部[1]、经济和工业部等及其他12个科技安全相关的主要部门，负责对应领域科技安全政策制定、基础设施完善、科技研发投资等工作；第三级为首席科学家办公室，以色列在内阁的14个部门[2]中设立了首席科学家办公室，总部为国家技术创新局[3]，负责引导科技研发、贯彻国家战略，全面统筹并对以色列各项科技事务行使管理职责；第四级为与科技安全相关的其他机构，包括科学与人文科学院、国家民用研究与发展委员会、国家研究与发展基础建设论坛等，负责为政府政策制定提供研究咨询评估、协同推进国家战略等。

---

[1] 该部门在成立及发展过程中曾有科技和发展部、科技与太空部、科学和技术部等名称，本节除描述特定历史时期时，统一采用当前的创新科学和技术部名称。

[2] 14个部门分别为创新科学和技术部，经济和工业部，国防部，公安部，卫生部，环保部，交通部，通信部，教育部，国家基础设施、能源与水资源部，农业与乡村发展部，建设与住房部，社会事务部，阿里亚与融合部。

[3] 首席科学家办公室总部于2016年更名为国家技术创新局，并于2021年从经济和工业部调整至创新科学和技术部。

```
                              ┌──────┐
                              │ 议会  │
                              └──┬───┘
        ┌──────────┬────────────┼──────────────┬──────────────┐
   ┌────┴────┐ ┌───┴──────┐ ┌───┴────┐  ┌──────┴──────┐
   │总理办公室│ │创新科学和 │ │经济和  │  │其他12个科技安全│
   │         │ │技术部    │ │工业部  │  │相关的主要部门 │
   └─────────┘ └──┬───────┘ └───┬────┘  └──────┬──────┘
                  │             │              │
           ┌──────┴──────┐ ┌────┴────┐  ┌──────┴──────┐
           │国家技术创新局│ │首席科学家│  │首席科学家   │
           │(首席科学家  │ │办公室   │  │办公室       │
           │办公室总部)  │ │        │  │            │
           └──┬──────────┘ └────────┘  └─────────────┘
              │
    ┌─────────┼───────────────────┐
┌───┴─────┐ ┌─┴────────────┐ ┌────┴──────────────┐
│科学与人文│ │国家民用研究与│ │国家研究与发展基础 │
│科学院   │ │发展委员会    │ │建设论坛           │
└─────────┘ └──────────────┘ └───────────────────┘
```

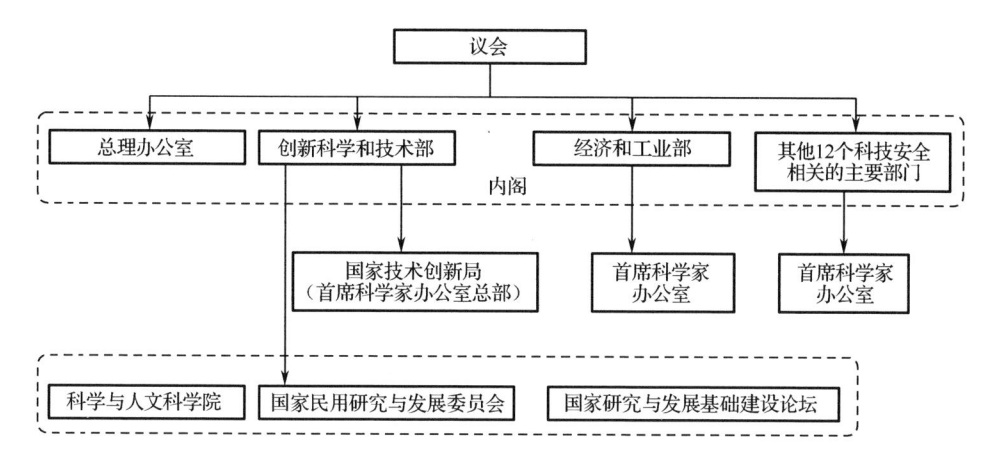

图 6-1 以色列与科技安全相关的主要国家机构

1. 以议会为主体的立法层

议会是以色列科技安全领域立法层的主体，成立于 1948 年，又称克奈塞特（Knesset），是国家最高权力机构，同时也是科技安全领域的立法机构，拥有立法、修法、对重大政治问题进行表决、监督政府施政等职权。科技安全相关法律的施行，都需要经过议会批准。

2. 以内阁为主体的决策层

以色列科技安全领域的决策层以内阁为主体，主要包括总理办公室以及与科技安全强相关的国家部门。

以色列总理办公室主要根据政府决议和总理确定的优先事项，协助总理开展协调各领域的部际活动。具体到科技安全领域，总理办公室负责制定科技安全领域的相关政策、协调敏感的安全和外交事务问题、协调涉及部门间的科技安全问题等。其负责管理国家安全委员会、国家公共外交局、国家网络安全局、国家信息局等机构。

创新科学和技术部是与以色列科技安全最直接相关的部门，其定位是推动以色列在科学、技术和太空领域的发展，提升以色列的国际地位。创新科学和技术部负责以色列在国家优先领域的科学研究投资，并将其作为学术研究与工业发展间的纽带。创新科学和技术部的目标是加强科学技术领域的研究与开发，扩大和加强以色列的国际科学关系，促进民用航天在工业、学术界等领域的应用与发展，促进科学向社区普及并精益求精。除了部长办公室和总干事办公室，创新科学和技术部还管理9个重要部分[1]。

经济和工业部是与以色列科技安全关系密切的产业部门，于1968年至2015年间是首席科学家办公室总部的设置地。在科技安全领域，经济和工业部主要负责促进经济的平稳运行、鼓励金融增长等。

3. 以首席科学家办公室为特色的执行层

首席科学家办公室是以色列科技安全领域负责政策执行和部门协同的重要机构，正式成立于1969年，共在13个部门（后增至14个）中设立。首席科学家办公室总部一度设在经济和工业部，于2021年7月调整至创新科学和技术部，并更名为以色列国家技术创新局。

首席科学家办公室制度的确立是以色列科研制度的重大改革。各部门首席科学家办公室的最高负责人均为由部长提名并任命的首席科学家。在科技安全领域，首席科学家办公室负责制定本部门的政策方针，同时设置研发任务、公布资助项目，并对地方研究机构行使管理和监督权，此外还负责政府拨发的研发专项资金的批准、分配和使用。为避免不同部门间因专业领域鸿沟和缺乏了解导致的政策偏差、资金和资源错配等问题，以色列又于2000年设立了由创新科学和技术部部长担任主席的首席科学家联席会议，强化部门间交流。

---

1 分别为首席科学家办公室、科学基础设施计划、以色列航天局、科学与社区部、区域研发中心（归科学与社区部管）、国际科学关系部、全国民用研究与发展委员会、全国提高妇女科学地位委员会、行政总部。

2016年，以色列对首席科学家办公室进行结构性改造，在其基础上成立了以色列国家技术创新局（又称创新局或创新署），下设六个部门（详见表6-1），并统筹管理以色列产业研发中心。此外，国家技术创新局内还设立了不同领域的研究委员会，由相应国家部门首席科学家兼任负责人。

表6-1 以色列国家技术创新局下设部门

部 门	职 能	部分重点计划
初创企业部	支持在种子期或初始研发阶段的技术项目，助力其从概念转化为实际应用，并达到重要的资金里程碑	孵化激励计划、年轻创业者激励计划、可再生能源技术研发计划等
发展部	面向成长期公司、成熟公司和研发中心，提供支持以增强其技术竞争力和领先地位，从而推动企业增长	大公司科研资助计划、农业商业性科研计划、鼓励交通替代能源投资计划、航天科技研发鼓励计划等
技术基础设施部	专注于资助研发基础设施、促进学术界的应用研究、技术转让、两用技术研发、知识和经验交流，以及联合学术界和产业界的综合研究人员共同推动突破性创新	磁铁计划、磁子计划、工业研究机构鼓励计划等
先进制造部	推动制造业公司的研发和创新过程的实施，以增强其国际竞争力，提高不同工业部门的生产力	低科技含量制造业公司创新鼓励计划、预备研发鼓励计划等
国际合作部	负责协调以色列公司和国外对应组织在创新研发知识和技术方面的国际合作，从而为以色列工业在全球市场上提供各种竞争优势	国际合作项目和鼓励计划等
社会挑战部	提高公共部门服务的效率和质量，以及通过技术创新提高社会福利和人民生活质量	支持残疾人辅助性科技研发计划、以色列重大挑战鼓励计划、公共部门问题科技创新鼓励计划等

4．政府机构与非政府机构共同助力的运行与评估层

以色列科技安全领域的管理体系中还包含一些其他的政府机构与非政府机构，其中以科学与人文科学院、国家民用研究与发展委员会、国家研究与发展基础建设论坛等为代表。

科学与人文科学院成立于1961年，是文化、教育和科学事务的公共机构和独立的法人实体。科学与人文科学院致力于推动以色列自然科学和人文科学的科研工作，保持学术创造力、保障科学家科研能力。科学与人文科学院下设人文科学部和自然科学部，管理着许多基于财政拨款和私人捐赠的研究基金，如福尔克斯医学研究基金等。

国家民用研究与发展委员会成立于2002年，为政府制定相关科技研发政策提供政策咨询。国家民用研究与发展委员会由15人组成，包括4名杰出的学术研究人员、4名高科技产业研发专家、4名科学政策专家、1名以色列高等院校成员、1名经济学专家和1名在"指导研发系统"方面有经验的科学家，目标是增强全面性、代表性和效率性。

国家研究与发展基础建设论坛成立于1992年，是在科学与人文科学院倡议下成立的一个高规格特设机构。国家研究与发展基础建设论坛由以色列主要科研部门负责人组成，由科学与人文科学院院长担任主席，成员包括经济和工业部、创新科学和技术部的首席科学家，科学与人文科学院及高等教育委员会的主席，国防部研发部门及财政部拨款部门的负责人等。该论坛名义上是非政府论坛，但实际上其承担着国家战略研发的协同推进任务且主持推进了一系列重大研发专项。

6.1.2 明晰以提升科学性、有效性为要义的演进变化

随着国内外形势的变化和相关工作的需求，以色列科技安全领域起主导作用的核心机构经历了一系列新设、调整等变化。自1948年以色列建国后成立议会、经济和工业部以来，先后有10余个机构在促进以色列科技安全方面发挥主要作用。以色列建国以来的主要科技安全机构如图6-2所示。除前文提到的机构外，科学委员会、国家研究与发展委员会、部长级科学

技术委员会等机构也发挥了重要的作用。

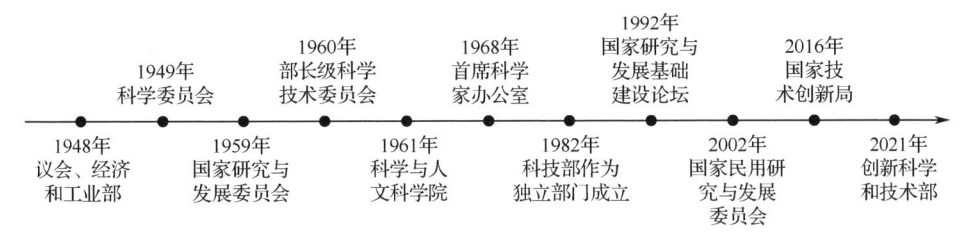

```
1948年          1959年         1961年      1982年        2002年        2021年
议会、经济      国家研究与     科学与人    科技部作为    国家民用研    创新科学
和工业部        发展委员会     文科学院    独立部门成立  究与发展      和技术部
                                                        委员会

    1949年        1960年         1968年      1992年                      2016年
    科学委员会    部长级科学     首席科学    国家研究与                  国家技
                  技术委员会     家办公室    发展基础                    术创新局
                                             建设论坛
```

图 6-2　以色列建国以来的主要科技安全机构

科学委员会是以色列最早的国家级科研管理机构，成立于 1949 年，隶属于总理办公室。科学委员会由 12 位顶尖科学家组成，负责统筹和指导以色列的科技体制建设，组织协调全国的科技发展。

国家研究与发展委员会是伴随着以色列科研布局推进和科技活动规模扩大而出现的国家级科研组织机构，成立于 1959 年。国家研究与发展委员会的成立是对科学委员会职能的优化，拥有更大的职权范围，更注重加强基础科学、战略研究和应用研究间的协调沟通，旨在提高科技研发管理的科学性与有效性，是以色列政府高层与科学界间建立的第一个对话框架机制。

部长级科学技术委员会是以色列在一定时期内为满足跨学科研发需求而设立的跨部门授权模式，成立于 1960 年，于 19 世纪 60 年代末被取消。部长级科学技术委员会将科技安全领域的各部门联合，由国家研究与发展委员会主席担任执行秘书，直接向总理负责。

6.2　优化覆盖多元、量质齐升的政策体系

以色列科技安全领域的政策经历了漫长的探索期，直至 1984 年《产业研发促进法》出台，才对鼓励、规范企业创新作出了制度性安排。以色列

科技安全领域的政策从最初的单纯支持研发投入，逐步扩展到包括知识产权保护、高科技企业孵化、网络安全保障等多个方面，覆盖范围更加多元，同时数量和质量也实现了同步提升。

6.2.1 围绕创新主线、趋向安全的演进路径

以色列科技安全政策的演进以科技创新为主线，对安全的关注度不断提高，主要可划分为早期探索促发展、注重高科技提质量和追求创新重治理三个阶段。

首先是早期探索促发展阶段（建国后至20世纪80年代初）。这一时期以色列科技安全政策的特点是碎片化和非体系化，主要从支持企业研发创新和发展、推行商品和服务管制等维度客观上推动了科技安全的发展。《鼓励资本投资法》是这一阶段的代表性法律，颁布于1959年8月，旨在增加国内资本投资的体量，充分调动经济发展的主动性，鼓励国内外资本优先在以色列欠发达地区开展研发和投资活动。主要措施包括拨款和税收优惠，获准企业可获得10%~32%的固定资产费用支持，并享受7~15年的公司税优惠。同年根据该法律成立了以色列投资中心，其主要职责是为符合标准的投资者颁发许可证，给予税收、资金等方面的扶持。此外，1957年出台的《商品和服务管制法5717—1957》授权政府部长制定附属立法来规范某些指定的物项和服务。

其次是注重高科技提质量阶段（1984年至20世纪末）。这一时期以色列科技安全政策的重点是发展高科技产业，实行出口导向型战略，鼓励原有工业部门升级改造。出台于1984年的《产业研发促进法》是这一阶段的代表性法律，也是以色列第一部关于促进产业研发的法律，是鼓励、规范企业创新的根本法。该法根据经济形势发展不断被修订和完善，1984—2015

年间共修订 7 次，2015 年的第七次修正案提出了设立国家技术创新局的决定。该法的执行和监督部门是首席科学家办公室，明确了政府对科研基金的科学化集中管理原则，并详细规定了国家科研基金的设立、投入流向、申报程序和过程管理，体现了政府主导科研的理念。此外，以色列 1974 年出台了《商品和服务管制法—1957（5717）涉及加密项目的法令—1974（5734）》，该法令对所有形式的"加密"（物项）实施了管制，并创建了以色列的加密控制许可制度。1990 年出台《投资促进法》，为在国际市场上具备竞争力的高科技企业提供投资补贴和税收减免等优惠政策，以及面向国内不同发展水平区域内的企业实行相应的补贴与免税政策。1991 年实施"国家科技孵化器计划"，注重孵化早期阶段的科技创新企业，同时财政大力扶持，每年用于孵化器的预算约 3000 万美元。

最后是追求创新重治理阶段（21 世纪以来）。这一时期以色列科技安全政策的重点是发展创新经济，更大程度地释放经济活力，更加注重网络安全，全面提高经济效率和社会治理能力。《以色列 2028：全球化世界中的经济与社会愿景和战略》（简称《以色列 2028 战略》）及后续在此基础上推出的《创新 2012：借力科技与以色列独特创新文化的积极产业政策——对〈以色列 2028：全球化世界中的经济与社会愿景和战略〉的跟踪研究》（简称《以色列 2012 计划》）是这一阶段的代表性战略。《以色列 2028 战略》的核心目标是通过创新实现经济的快速、均衡增长和社会差距的缩小，以期到 2028 年，以色列人均 GDP 进入世界前十至十五位。《以色列 2012 计划》则进一步提出了有关国家工业政策和计划的积极方案，以期充分利用国家的科技优势、创新文化和企业家精神，实现《以色列 2028 战略》的核心目标。此外，以色列 2006 年还颁布了《2006 年进出口令（两用物项、服务和技术出口管制）》，将瓦森纳安排管制清单[1]上的物项作为其列管物项

---

1 以色列不是瓦森纳协定成员国。

并定期更新。2007年出台的《国防出口管制法》限制了某些可用于增强军事能力产品的贸易，该法是以色列出口管制的主要法律，规定国防出口管制局是出口管制主管部门之一，在国防出口管制方面为出口商提供广泛的服务，包括适当的外联活动等。国防出口管制局也是以色列对导弹及其技术控制制度管制清单中物项、瓦森纳安排军品清单中物项和某些用于军事最终用途或最终用户的瓦森纳安排管制清单中物项的许可证颁发机构。2011年出台的《天使法》重点扶持初创公司发展，为其提供税收优惠和更多的融资渠道。该法案规定，当符合资格的行为主体投资以色列高科技私营企业时，可以从应纳税所得中扣除所投资的金额，同时对符合要求的科技公司，政府将资助一半的研发经费；而针对创业公司，政府将资助三分之二的经费。2013年推出的促进网络安全研发计划，旨在促进研发与产业结合，加快技术转移，培育本土企业，资助优选公司研发网络安全技术解决方案，带动国家网络安全产业发展。2015年推出的"前进2.0"网络安全产业计划，其资助重点包括突破性和颠覆性技术研发、优秀网络安全企业产品创新和概念验证、促进产业合作。

6.2.2 凝聚多方共识、部门协同的战略政策

以色列科技安全的战略政策凝聚着政府、学校以及企业等多方的共识，一般由相关的主管部门协同推进。

从形成方式看，以色列科技安全的战略政策既包括自上而下形成的，即由国家主管机构发起并推动实施的；也包括自下而上形成的，即由学校、企业等非政府科研机构发起编制，经由政府部门认可后进入国家政策体系的。此外，以色列科技安全的战略政策随社会经济发展也呈现出一定阶段性特征。

从内涵维度看，以色列的政策法规体系主要包括国家战略、法律、政策和计划等。以色列的国家战略一般由政府部门[1]或非政府部门[2]牵头，并由专家、学者等各类研究人员广泛参与而形成，经过总理认可并通过内阁审议。其最新的国家战略《以色列2028战略》是通过自下而上的方式形成的，由梯瓦制药工业公司总裁、本·古里安大学董事会主席埃利·胡尔维茨担任编制委员会主席，60余名研究者全方位调研，历时两年多编制完成。《以色列2028战略》得到时任总理埃胡德·奥尔默特的高度认可，并提交内阁，由专家建议升格为以色列的国家战略。以色列的法律由相关领域的具体部门研究提出，完善后交由议会审议通过，由内阁颁布实施，法律后续的调整修改仍需要经过议会。以色列的政策和计划由各领域的行业主管部门主持制定，在科技安全领域，若涉及跨部门的政策一般由首席科学家办公室负责，后续经由内阁发布。

6.3　打造创新驱动、治理导向的工具方法

以色列是国际高科技企业创业密度最高的国家，是国际跨国公司特别是高科技领域跨国公司的研发中心集聚地，科研教育水平国际领先。以色列以科技创新为动力，实现了一系列开创性进展，打破了一系列发展困局。面临随着科技发展而产生的一系列风险，以色列大力提升科技安全保障能力和水平。

1　政府部门主要包括首席科学家办公室、议会和政府设立的各种委员会等。
2　非政府部门主要包括大学、企业、民间非营利机构等。

6.3.1　四措并举促创新增强科技实力

以色列通过技术转移、孵化器、产业技术集群和人才招引推动科技创新水平不断提升,为保障科技安全提供了源源不断的动力。

1. 成熟的技术转移机制和体系促进科研成果快速有效转化

以色列在各个大学和科研机构成立了技术转移办公室（Technology Transfer Office），旨在加强高校、科研机构和企业的联系,加速科研成果转化,提升科技创新能力。技术转移办公室虽然隶属于高校或科研机构,但在运营方面具有自主权,主要以成立公司的形式开展工作。例如,隶属于希伯来大学的技术转移公司伊萨姆（YISSUM）,经过长期的产学合作和创业支持,已经形成较为成熟的技术转移制度,年均促成专利和许可协议超100项,重点领域包括农业技术、化学材料、清洁技术等。

专栏　伊萨姆技术转移公司
伊萨姆技术转移公司（以下简称"伊萨姆"）成立于1964年,隶属于希伯来大学,是世界上第三家技术转移公司。伊萨姆自成立以来已注册了10750余项专利,许可了1050余项技术,成立了170余家衍生企业。其使命是架起前沿研究与企业家、投资者和行业协会之间的桥梁,其职责具体包括与企业界联络、管理和保护希伯来大学的知识产权、创办初创企业、经费分配与管理、校内外教育培训等。 伊萨姆组织结构由董事会和工作团队构成,现任董事会成员有8人,包括大学的总干事、学院院长、教授、企业（包括风险投资公司）负责人等。工作团队有15人,设有首席执行官、首席财务官、首席法律顾问、业务发展人员、创意和技术评估人员、联盟与合同管理人员、专利代理

员、金融人员、法务人员、市场营销人员、IT 人员、办公室人员等。

伊萨姆为希伯来大学提供知识产权服务，研究人员向伊萨姆提交专利申请的第一步是做发明披露，其中包括发明的基本情况、已有出版物情况、存在竞争关系的技术、面对的挑战、一般性问题、发明人信息等。伊萨姆会召开技术评估委员会会议，对发明进行评估，以确定其是否具有重大商业潜力，若有商业潜力，则会通过专利申请从而对其进行保护。

在收入分配方面，专利技术发明人个人并不持有伊萨姆独立创办或与企业合资创办的企业的股权，然而，他们可以获得销售收益的一部分，通常为 40% 的现金收入，作为对其贡献的回报。

以色列的技术转移公司通过一系列规范的流程和环节，有力促进了科技创新的提速。这些流程和环节主要包括成果提交、成果评估、专利申请、成果推介、专利授权、成果生产和取得收益。在此过程中，科研人员只需将成果提交转移程序并申请专利（技术转移公司的专门部门会协助填写），然后与企业保持沟通、协助解决技术难题即可。而企业只需要与技术转移公司联系，寻找感兴趣的成果并签署协议投入生产。其余所有复杂的事务性工作都由技术转移公司完成，从而大幅提升了技术转移的效率。此外，以色列的技术转移公司更加关注国外的企业，注重将科研成果推向国际化。

2. 持续推进的孵化器计划助推高科技产业快速发展

20 世纪 90 年代初，以色列首席科学家办公室推出了孵化器计划，第一批建立了 6 个孵化器，致力于充分发挥高技术移民的技术优势[1]。孵化器计划使得以色列更好地利用了高技术移民的人力资源优势，从而向全社会的初创企业提供服务，其主要聚焦环境、水资源利用、生命科学、医疗、

---

1 这一时期苏联解体，大量俄裔犹太人移民以色列。

软件、信息通信技术等领域。21世纪初，为扩大孵化器的投入规模，首席科学家办公室引入了风险投资公司、私人投资者、高科技企业、地方政府和大学等作为股东，推行孵化器私有化。这些新的股东可通过竞标的方式获得孵化器8年的特许经营权，并在第7年进行新一轮的竞标。

以色列的每个孵化器都是独立的非营利组织，首席科学家办公室每年向孵化器拨付一定的资金用于日常运营，创业者可直接向孵化器提交项目申请。孵化器的具体管理工作由项目委员会负责，委员会根据项目的创新性、市场潜力等形成可行性报告，通过项目审查的项目再上报至首席科学家办公室裁定。项目获得首席科学家办公室批准后，就会转入孵化器进入"在孵"状态，由孵化器提供必要的研发设施和场所等基础条件，并配备一定员工提供会计、法律、技术和业务等指导。项目孵化期一般为2年，生命科学类项目可达3年。在孵化过程中，以色列政府会为企业提供广泛的帮助，包括财政支持、职业指导和管理帮助等。以色列规定每个孵化器每年孵化的项目不能超过15个，并对成功孵化的企业进行股权分配，创业者占50%、孵化器占20%、私营投资方占20%、企业员工占10%，这样既兼顾了各方的利益，也调动了社会力量支持初创企业的积极性。孵化器在孵项目的平均预算为50万美元（生物科技类可达75万美元），由政府提供80%的资金，其优势在于投资者可凭借20%的投资获得50%的股份，创业失败的风险主要由政府承担。

> **专栏　以色列启动新一轮孵化器计划**
>
> 2022年2月，以色列国家技术创新局启动新一轮孵化器计划，宣布将与运营商合作新建5个孵化器，分别瞄准替代蛋白质等食品科技，氢能、水处理等气候技术，精准化和个性化医疗，太空技术与地面应用，以及生物融合健康科技五大新兴技术领域。这些孵化器预计将在未来培育150家具有高风险和颠覆性技术的高科技创新企业，每家企业可最高

获得 650 万新谢克尔（约 1300 万元人民币）的资助，其中 60%～85% 由以色列国家技术创新局支付。此外，每个孵化器还可建立一个研发实验室，其预算达到 400 万新谢克尔，其中以色列国家技术创新局出资 50%。

3. 特色鲜明的产业技术集群推进产学研良性互动

产业技术集群既能加快技术、理念的分享与创新，又能降低协作、物流等成本，对社会经济产业的发展有着积极影响。以色列的大学和科研机构都是国家重点支持的研发中心，具有完备的基础设施和较强的科研能力。围绕以色列的大学和科研机构，聚集了一大批相关产业的中小企业和供应商，逐渐形成了一个个科技产业园，进而推动了配套产业和设施的进一步完善。据以色列风险投资研究中心数据，截至 2021 年 12 月，以色列共有约 9500 家创新型科技企业，65 家独角兽企业，英特尔、谷歌等 436 家跨国企业的研发机构，其中大部分集中在科技产业园，形成相应的技术集群（以色列主要的产业技术集群如表 6-2 所示）。此外，很多来自产业技术集群内的大学和科研机构的毕业生与科研人员，也更愿意选择在附近的科技产业园中创业，形成良性互动。

表 6-2　以色列主要的产业技术集群

集　　群	中　　心	重点园区及企业
海法集群	以色列理工学院 海法大学	马塔姆科技工业园：英特尔、谷歌、雅虎、NDS 集团、埃尔比特系统等跨国企业的研发中心； 海法生命科学园：拉帕波特家族医学研究所、兰巴姆医疗卫生院等生命科学企业和科研机构； 约克尼穆工业园：英特尔、松下等企业
耶路撒冷集群	希伯来大学 耶路撒冷技术学院	IBM、NDS 集团和大量初创企业
赫兹利亚集群	赫兹利亚跨学科研究中心	7 个高科技园区；苹果、CA 科技公司、西门子、微软等
特拉维夫集群	特拉维夫大学 巴伊兰大学	谷歌、Facebook 等企业

续表

集　群	中　心	重点园区及企业
贝尔谢巴集群	本·古里安大学 索罗卡医疗中心	德国电信、EMC、甲骨文等企业

4. 高效的人才招引为创新筑牢基础

以色列是典型的移民国家，高技术移民是其重要的人才保障。在《独立宣言》《回归法》《国籍法》等的鼓励下，到1966年，以色列接纳的犹太移民已超过百万人，全国总人口达到两百余万人。据初步估计，从以色列建国至20世纪末，约有300万犹太人从超过80个国家移居到以色列。2010年3月，以色列批准一项新的人才引进计划，计划5年内建立20个卓越中心，吸引世界各个领域的杰出科学家和研究人员回国工作。除了卓越中心本身的运转经费，卓越中心还专门为新引进的科研人员提供了前所未有的学术平台，包括提供大学或者学院的学术职位、连续五年提供30万~40万新谢克尔/年的科研经费、一次性提供150万新谢克尔的科研启动费、配备优秀的研究团队等优惠条件。2013年6月，以色列政府跨部门倡议创立"以色列国家引才计划"，致力于吸引生活在海外的以色列高素质人才回国，由经济和工业部的首席科学家领导，在以色列工业研发中心下运作。它具体由移民吸收部、经济和工业部、财政部、高等教育委员会的计划与预算委员会共同推动。该计划在5年内提供了3.6亿美元配套资金，为海外以色列人才及其家庭回国提供支持和帮助（尤其在就业方面）。参与该计划人员的条件是，任何居住在海外并有兴趣回国的以色列人、拥有本科及以上学历、愿意回到以色列的工业或学术部门工作。

> **专栏　以色列加大力度引进和培养科技人才**
>
> 2022年7月，以色列国家技术创新局宣布计划出资1500万新谢克尔，以建立新的人才引进和培养项目，增加以色列科技行业的人力资本。

> 该计划主要针对半导体和超大规模集成电路、量子、人工智能、气候技术、食品技术、生物融合等科技领域，用于引进海外技术人才和加强本土人才职业培训。2022年11月底其发布公告，宣布已遴选出15个人才引进和培养项目进行资助，总预算为3640万新谢克尔，其中1760万新谢克尔为公共资金，该计划将引进和培养2550名技术人才，其目标是"保持以色列作为全球领先的创新中心的国际地位"。

6.3.2 双管齐下重合作巩固科技自立

以色列以合作为关键词，深化多双边交流和国际交往。依托核心科研机构，采取"建机构""设基金""进组织"等形式与多国开展合作，以立法和参与国际体系等形式完善知识产权保护，不断巩固科技自立水平。

1. 依托科研核心机构与多国深入开展多双边合作

在研究机构方面，1993年时任以色列总理拉宾和美国总统克林顿共同倡议成立了"美国—以色列科学技术委员会"，倡导减少实际边界和文化差异对两国商业合作产生的影响，进而推动全球化进程。该委员会鼓励两国的高科技产业参与联合科研项目，促进高校和研究机构的交流合作，为双方的长期战略合作搭建基础设施。

在研究基金方面，以色列与美国、英国、加拿大、德国、新加坡等多个国家建立了多支研究基金，合作开展相关研究。以色列与部分国家成立的研究基金如表6-3所示。新加坡—以色列工业研究与开发基金是由新加坡经济发展委员会和以色列首席科学家办公室于1996年主导建立的，其目标是推动双方公司跨行业的工业研发合作。这项基金支持研发和改良产品技术、扩展产品组合和加快新型产品市场化进程。两国的注册公司需要共同提交项目申请，且30%以上的研发工作需要在新加坡和以色列完成。项目最高资助金额为100万美元，在项目市场化后根据实际情况偿还不超过100%的初始资助资金。在项目市场化前，该基金全程与公司共担风险、不持有股权、不共享知识产权、不要求抵押。

表6-3 以色列与部分国家成立的研究基金

成立时间	基金名称	参与国家	核心支持方向
1972年	美国—以色列双边科学基金	以色列、美国	生物医学工程、人类学、物理学和环境科学等基础研究和应用研究
1977年	以色列—美国双边工业研究与开发基金	以色列、美国	为双方国家的公司(包括初创企业和已建立的组织)提供配对支持
1978年	以色列—美国双边农业研究与开发基金	以色列、美国	提高农业生产力
1986年	德国—以色列科学研究与开发基金	以色列、德国	推动以和平为目的的基础科学和应用科学研究
1995年	加拿大—以色列工业研究与开发基金	以色列、加拿大	生物技术、农业、信息和通信技术、汽车、航空航天等
1996年	新加坡—以色列工业研究与开发基金	以色列、新加坡	跨行业的工业研发合作
1996年	三边工业发展基金	以色列、美国、约旦	节水技术、海水淡化、可再生能源等
1999年第一期 2006年第二期	英国—以色列联合技术投资基金	以色列、英国	电信、生物技术、软件开发和电子业等

在加入研究组织方面，以色列自1998年"第五框架计划"开始加入欧盟研发框架计划，并成为加入这项计划的唯一欧洲本土外国家。欧盟研发框架计划以研究国际科技前沿主题和竞争性科技难题为重点，是欧盟投资多、内容丰富的全球性科研与技术开发计划。以色列后续由经济和工业部首席科学家办公室主导建立了以色列—欧洲科研与创新理事会作为参与欧盟研发框架计划的联络点，促进以色列实体参与双边和多边研究创新活动。

2. 加大力度完善知识产权保护体系

以色列围绕知识产权保护已经颁布了 12 部专门法（详见表 6-4），此外还有涉及知识产权保护的法律文本二十余个，实施细则和规定三十余条。以色列对知识产权保护采取的是以司法保护为主导的模式，同时也很注重行政保护。司法部负责提出知识产权法律修正案，组建部长级特别委员会及知识产权保护特别警察部门。其下属的专利局负责专利注册、设计、商标和原产地名称，受理知识产权保护相关业务并向公众提供相关信息。

表 6-4 以色列知识产权保护的专门法

法 律 名 称	颁布及修订时间
外观设计法	2018 年颁布
专利法	1967 年颁布，2014 年修订
专利法（PCT 体系下的以色列专利局规则）第 9 号修正案	2012 年颁布
专利法第 10 号修正案	2012 年颁布
原产地名称和地理标志（保护）法	1965 年颁布，2012 年修订
版权法	2007 年颁布，2011 年修订
商标条例（新版本）	1972 年颁布，2018 年修订
知识产权修改法	2000 年颁布
集成电路（保护）法	1999 年颁布
植物育种者权利法	1973 年颁布，1996 年修订
表演者和广播员权益法	1984 年颁布，2015 年修订
残疾人作品、表演与广播法	2014 年颁布

此外，以色列因大量高科技产品的输出而面临较大知识产权保护国际压力，因此其非常重视对国际知识产权保护体系的参与。以色列作为《专利合作条约》和世界知识产权组织的成员，签署了大部分主要的知识产权国际条约，是 49 个国际条约和协定的签约方或成员。

6.3.3 三重发力强治理防范科技风险

随着科技创新的发展，国际形势不断发生变化，新技术新业态不断涌现，网络安全事件也不时浮现。以色列对内加强部门协同与监管，对外加强国际交流与合作，以提升防范科技风险水平，强化科技安全治理能力。

1. 通过部门协作与国际合作推动人工智能等领域监管

2022年，美国与以色列签署共同声明，宣布启动新的战略性高级别技术对话，建立和加强两国在关键和新兴领域的技术伙伴关系，以共同应对人工智能和技术生态系统等领域的全球挑战。2023年，以色列创新科学和技术部、司法部公布了首个人工智能监管和伦理政策，提出需要采取积极措施，确保负责任地使用人工智能技术并减轻潜在风险。该政策建立在与政府部门、民间社会组织、学术界和私营部门广泛协商的基础上，旨在打造一个促进创新的框架。其中包括建立人工智能政策协调中心，为部门监管机构提供建议，促进协调并更新政府的人工智能政策，为人工智能监管提供建议，并代表以色列参加国际论坛。此外，还建立了监管机构和多方利益相关者参与的论坛，以促进协调、一致和公开的讨论。该政策还鼓励积极参与制定国际法规和标准，以促进全球互操作性。

2. 基于对美合作及盟友关系开展科技管制

2019年11月，基于对美合作关系，以色列宣布设立外商投资审查机构"外国投资咨询委员会"，以在吸引中国投资和美国的压力之间做出平衡。"外国投资咨询委员会"由财政部领导，包括来自国家安全委员会和国防部的成员，以及来自外交部、经济和工业部、国家经济委员会的观察员。

该委员会的职能是帮助监管机构在批准外国投资以色列金融、通信、基础设施、运输和能源领域的过程中"纳入国家安全考量",力求在国家安全和鼓励外资投入、持续经济繁荣的需求之间寻找适当的平衡。2021年7月,英国广播公司报道,以色列软件监控公司NSO向一些国家售卖了一款名为"飞马"的手机间谍软件,用以监控记者、律师、人权活动人士,甚至各国的相关政要。此事发生后,以色列政府以削减可销售对象清单的形式予以应对。

专栏　以色列大幅削减网络武器出口名单

2021年,受"飞马"窃听事件[1]影响,以色列政府削减了允许当地安全公司向其出售监控和攻击性黑客工具的国家名单,从102个国家削减到37个。

削减后,以色列允许向其出售监控和攻击性黑客工具的国家仅包括部分欧洲、亚洲和五眼联盟的国家,具体包括美国、英国、法国、德国、荷兰、日本、韩国、印度、澳大利亚、奥地利、比利时、保加利亚、加拿大、克罗地亚、塞浦路斯、捷克共和国、丹麦、爱沙尼亚、芬兰、希腊、冰岛、爱尔兰、意大利、拉脱维亚、列支敦士登、立陶宛、卢森堡、马耳他、新西兰、挪威、葡萄牙、罗马尼亚、斯洛伐克、斯洛文尼亚、西班牙、瑞典、瑞士。

---

3. 构建以"攻"促"防"的网络安全防御体系

受地缘政治等因素影响,以色列网络空间安全长期面临较为严峻的形势。经过近30年的发展,以色列网络安全实现了从"保护关键"到"培优

---

[1] 2021年,据媒体曝光,以色列软件监控公司NSO出售的一款名为"飞马"的手机间谍软件,自2016年以来在全球大约50个国家和地区监控多国政要、企业高管、记者和律师的手机,潜在监控号码高达5万个,目标涉及1000多人,引发舆论风波。

做强"、从"政策引领"到"行动导向"、从"分散应对"到"集中协调"的发展变化。为了维护自身网络安全,以色列将网络空间视为作战领域,将地缘政治敌人作为主要对手,积极发展网络进攻能力;以"累积威慑"[1]为基础开展持续的网络攻击和网络报复,不断加大投资发展先进的网络安全解决方案,同时开发震网(Stuxnet)、杜库(Duqu)、火焰(Flame)等震惊世界的恶意病毒软件,实施精准打击;强化军事和情报机构合作实施"先发制人"打击,以色列通过构建先进的情报体系精准地归因攻击来源和掌握敌情,同时鼓励研发能够监听电话、邮件以及海底通信电缆的技术手段,网络战先行配合常规战取得先机。以色列"内忧外患"的历史经历以及现实地缘政治环境促使其网络安全防御体系不断增强,科技安全防护水平不断提升。

【总结分析】

以色列是高度发达的创新驱动型国家,"四面受敌"的地缘政治和"一枝独秀"的科研创新是其科技安全的显著特征。以色列科技创新的快速发展得益于国际与国内多重因素的共同作用,离不开初创企业的"被收购"、跨国公司的"重研发"、科研成果的"速转化"、人才资源的"强引进"。以色列属于外向型的科技创新国家,因此很大程度上会受国际环境变化影响,以地缘政治冲突为主引发的供应链中断、人才流动受阻、网络攻击等会导致一系列科技安全问题出现,也对以色列强化科技安全保障水平提出了更高要求。

---

[1] "累积威慑"的内涵为基于"对敌人每次挑战均给予回应""通过不断胜利塑造实力强大的形象",传递给对手威慑的决心和实力优势,以改变对手行为。

以色列为保持培育全球硬科技的领先地位，巩固自身科技安全水平。一是与时俱进"建机构""优体系"，完善科技安全的基础保障。对传统的科技发展核心机构进行结构性改造，并调整归口部门，增强科技安全的统筹协调能力；发展与安全并重，持续修订相关政策法规，40 年间 7 次修订《产业研发促进法》促进科技创新，升级推出"前进 2.0"网络安全产业计划保障科技安全。二是千方百计"强实力""谋自立"，提供科技安全的不竭动力。运用技术转移机制和孵化器来培育高科技初创企业，推进产业技术集群建设，促进产学研良性互动和互补式发展，强化人才培养及引进，保障科技创新的能动性因素，深化国际合作和知识产权保护以提升科技自立水平。三是内外兼顾"防风险""重治理"，促进科技安全的长效发展。对内强化对科技创新发展可能引发风险的研判，注重部门协同，加强对新技术的监管；对外推动国家间的合作与互动，提升安全保障能力，努力融入国际科技安全治理体系。

第 7 章
印度战略实践：保护与崛起

印度是近年来科技创新能力提升最快的国家之一，在 2023 年全球创新指数报告中居全球第 40 位，较 2015 年提升了 41 位。2000 年以来，为了支持信息技术产业发展，印度出台了一系列的科技政策，并着重对 STEM 学科教育进行投资，如今印度"码农"已经成为世界上不可忽视的中坚力量。印度还积极推动科技产业园区建设，大力培育本地科技企业，积极吸引国际科技公司落户。班加罗尔、孟买和新德里均已跻身全球科技集群百强之列。作为后发国家，印度在科技研发、产业发展、政策制定等方面长期扮演着跟随者角色。国际资本和技术的注入对印度科技发展提供了重要帮助，但也对本土科技企业的培育造成了巨大压力。兼顾"自主与开放"，培育本国科技创新能力和实现科技产业自主可控是印度科技安全体系建设的重点。

7.1 组建统筹协同、各司其职的组织架构

印度最高行政机关是以总理为核心的部长会议。总理由总统任命人民

院多数党的议会党团领袖担任,部长会议成员包括内阁部长和国务部长。其中,印度内阁作为印度决策机构,由总理和内阁部长组成。印度政府包括职能部门、独立办公室和中央政府独立部门等。目前,在科技安全方面,印度尚未在国家层面形成统一的行政机构,各部门行使不同职责,协同形成印度科技安全组织架构,如图7-1所示。

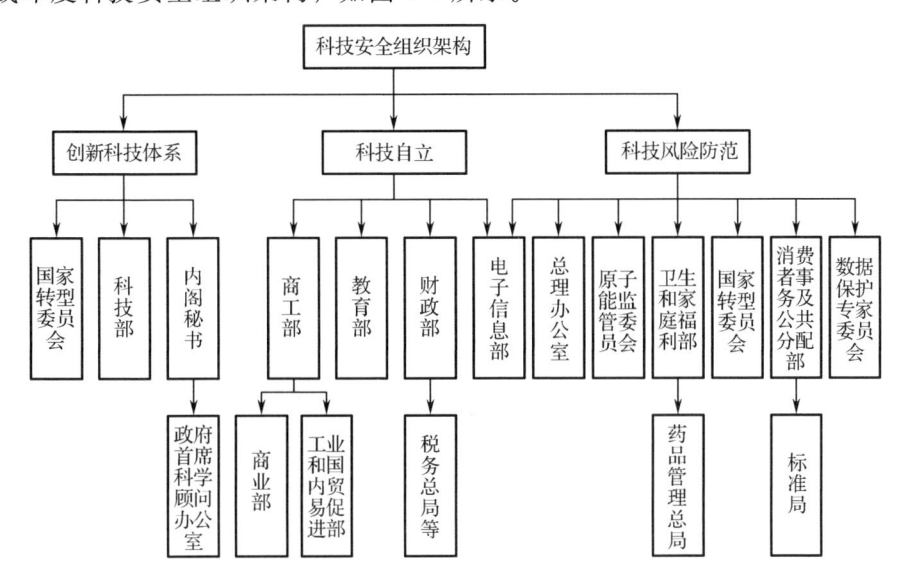

图 7-1 印度科技安全组织架构

7.1.1 积极打造以转型委员会为核心的创新体系

印度科技创新相关工作主要由国家转型委员会、科技部,以及内阁秘书下设的政府首席科学顾问办公室负责。其中,国家转型委员会是印度科技创新体系的核心部门,其前身是印度国家计划委员会,主要职责是审议和批准印度科技部、电子信息部等相关部委制定的科技政策。内阁秘书下设的印度政府首席科学顾问办公室则是科技政策和计划主要建议和咨询部门。

科技部是印度科技工作的主管部门，负责制定重大科技政策和计划。科技部没有独立的行政机关，通过下辖的科技管理部门实施科技发展计划，主要包括生物技术总局、科学技术总局、科学与工业研究总局三个副部级部门。其中，生物技术总局负责生物技术相关政策的制定和管理，科学技术总局负责全国科技发展协调和政策制定，科学与工业研究总局负责企业研究机构的政策制定和技术出口管理。印度科技部下设印度实验室国家认可委员会，负责实验室标准认证。2023年，印度成立新的国家研究基金会，科技部将作为基金会的主管部门，致力于推动高等院校和研究机构的技术开发和成果转化。

7.1.2　协同构建以科技自立为目标的组织架构

印度科技自立相关的组织结构包括商工部、教育部、财政部、电子信息部等，各部门协同推动印度科技创新与产业发展。

商工部是制定工商业产业政策的主要部门，下辖商业部、工业和国内贸易促进部两个副部级部门。其中，工业和国内贸易促进部负责制定和实施工业部门产业政策以及外资投资管理，其主要职责包括：①在15个制造业领域与电子信息部等制造业主管部门协调，负责实施印度制造计划的相关任务；②总体协调中央政府部门和州政府推进创业行动计划；③依据《投资法》，作为主管部门制定和施行外资投资审查相关法案，印度央行等部门依据《外汇管理法》协同开展投资审查；④工业和国内贸易促进部下属工业产权局依据《专利法》《版权法》进行知识产权保护。商务部是制定促进商品出口政策的主要机构，负责制定、实施和监督对外贸易政策，并定期开展贸易政策审查。其主要职责包括：①与12个服务业主管部门协调，负责实施印度制造计划的相关任务；②依据《对外贸易（发展与管理）法》，其下设的对外贸易总局负责管理出口管制。

电子信息部是印度电子信息产业的主管部门。其主要职责包括：①负责信息技术和半导体制造相关产业政策的制定与实施；②依据《信息技术法》和《阻碍公众获取信息的程序和保障措施》，负责网络安全相关工作；③协助其他部门推广电子政务、电子商务、电子医疗、电子基础设施等。

财政部包含经济事务部、支出部、金融服务部、投资和公共资产管理部、税务总局五个副部级部门。其中税务总局下设中央间接税和海关中央委员会，其主要职责是制定关税、中央消费税、中央商品和服务费等相关政策。

教育部下设学校教育部和高等教育部两个副部级部门。教育部主要工作是制定国家教育政策和计划，包括在全国范围内向民众提供教育机会、提高教育质量；以奖学金、贷款补贴等形式向经济困难的优秀学生提供经济帮助；鼓励教育领域的国际合作等。

7.1.3　不断筑牢以风险防范为导向的护城河

科技风险伴随科技发展不断演变，传统风险与非传统风险交加，印度的科技风险防范组织架构包含多个部门，这些部门各司其职，在网络安全、个人信息保护、药品监管、核电安全应用、人工智能（AI）安全使用等方面筑牢护城河。

总理办公室协调电子信息部、计算机应急响应小组、国家关键信息基础设施保护中心等部门，共同负责国家网络安全。

数据保护专家委员会的主要职责是制定与个人数据相关的法律，保障个人数据安全。

卫生和家庭福利部下设药品管理总局。药品管理总局下设中央药品标准控制组织，其主要职责包括制定与医药相关的法律法规，对药物、医疗器械进行审批等。

原子能监管委员会，依据《原子能法》和《环境（保护）法》的相关规则，负责对核能进行监管，确保核能安全使用。

国家转型委员会和消费者事务及公共分配部下设的标准局，通过出台人工智能标准化文件和人工智能技术指导性文件引导人工智能向善发展。

7.2 建构兼顾安全、促进发展的政策体系

印度科技安全战略从封闭保守走向包容开放，为印度经济快速发展提供重要支撑。印度的开放是兼顾安全与发展的开放，为防止开放带来的产业冲击，加剧科技安全风险，印度通过制定产业政策、颁发法律法规，自内而外建构了科技安全上层建筑，为印度发展保驾护航。

7.2.1 实施维护安全、护航发展的科技战略

印度的科技安全战略伴随其发展过程中面临的实际情况不断演进，逐渐从相对封闭的科技安全政策走向兼顾安全与发展的开放之路。大致经历了保护主义主时期、改革探索期、开放发展期三个阶段。

保护主义主时期（1948年至1980年），这一时期的特点是：印度通过制定国家计划推动经济发展，通过高关税（某些商品关税高达300%）和严格的进口许可制度施行保护主义政策，利用工业许可等方式将主要的资源分配给公共部门。可以看出，这一阶段的印度科技安全政策严重偏向于

自主与安全。典型事件如 1964 年成立垄断调查委员会，1967 年成立工业许可政策咨询委员会，1969 年出台《垄断和限制性贸易行为法》，以及 1973 年出台《外汇管理法》等。但是随着全球化浪潮的涌来，印度科技产业发展严重受限。

改革探索期（1980 年至 1991 年），印度开始尝试改革，着重提升生产效率，发展出口导向型产业。同时，简政放权，赋予国有企业更大的自主权，逐步取消国内长期施行的行业许可制度。1988 年，除 26 个被列入负面清单的产业外，其他行业都不需要许可证，逐步取消资本和中间产品的进口限制。此外，印度还发展轨道交通、电力等基础设施建设，加大外资吸引力度。这一阶段的主要政策法律文件包括《1980 年工业政策陈诉》等。

开放发展期（1991 年至 2020 年），印度不断深化改革。除航天、国防、工业炸药、危险化学品和烟草制品外，几乎所有行业许可都被取消。同时，制造业领域对外国直接投资的限制逐步放宽，甚至允许外资完全持股。完全取消资本和中间产品的进口许可证，逐步降低关税。据统计，印度制造业领域最惠国待遇税率从 1990—1991 年的 126%下降到 2014—2015 年的 12%左右。但是印度开启的一系列改革措施并不意味着印度放弃了科技安全。相反，印度凭借其市场优势和人口优势，以及改革所吸引的资本、技术、人才等资源刺激了科技快速发展，推动印度完成工业现代化建设。同时，印度施行循序渐进的开放举措，以及在开放中建立起来的关税、投资限制、进出口清单等制度初步建构了印度国家科技安全体系。这一阶段典型的政策法律如《1991 年工业政策陈诉》、1992 年发布的《对外贸易（发展与管理）法》（该法取代了 1947 年《进口和出口（管制）法》）、1999 年发布的《外汇管理法》等。

7.2.2　完善推动创新、自主可控的上层建筑

印度科技安全制度主要由构建自主创新体系、维护科技自立和加强科技安全风险防范三个方面组成。其中，构建自主创新体系是科技安全的主要目的，维护科技自立和加强科技安全风险防范是实现科技安全的主要手段。这些政策和法规体系不断完善，为印度向现代化迈进发挥了重要作用。

在构建自主创新体系方面，印度政府在制订中长期科技计划、明确科技发展方向的同时，也在鼓励创新创业加快科技成果转化。印度科技部先后发布五项科技发展中长期计划，包括《1958年印度科学政策决议》《1983年技术政策声明》《2003年科学技术政策》《2013年科学技术和创新政策》《2020年科学技术和创新政策》，这些政策文件随即成为印度科技发展的指导性文件。

其中，《2013年科学技术和创新政策》致力于将印度打造成创新型国家。该计划通过培育创新人才、支持创新创业、提升研发投入水平等政策措施，力争使印度在2020年跻身全球科技强国前五名，鼓励私营部门加大研发力度，将公共部门和私营部门研发投入占比从3∶1改善至1∶1，研发人员全时当量提升66%，研发经费增加到GDP的2%。

相较于《2013年科学技术和创新政策》，《2020年科学技术和创新政策》更强调通过科技创新解决社会、经济面临的问题。同时，还兼顾了贫困者、少数族裔等的利益，使其更具有包容性。其主要内容包括：通过政府资助等方式开放科技资源；提升印度科技水平，建设高等教育研究中心等基础设施；加大科研资助力度，优化科技创新环境，关注重点领域的科技研究，鼓励创新创业；强调科技独立自主、建设公平与包容的科研环境；提升全民科学素养、积极参与国际科技创新和科技治理等。该政策预计使

印度在未来十年内跻身全球科技强国前三名，研究人员数量和研发经费每五年翻一番。为配合科技发展中长期计划，印度政府陆续出台了相应法律政策，并取得了一定成效。

2016年，莫迪总理提出创新创业计划，并公布了19个行动方案，这些行动方案随即构成印度创新创业的指导性文件。印度创新创业计划的主要举措包括成立15亿美元创业基金、给予初创企业三年税收优惠和资本利得税豁免、为初创企业提供信用担保基金、为企业提供快速注册和注销服务、提供专利申请的快速通道、放宽政府采购标准、加强孵化中心、创业中心等基础设施建设。2019年，印度发布《2019年高等教育机构学生和教职员工国家创新创业政策》指导文件，鼓励高等院校学生和教职员工积极参与创新创业活动；印度商工部发布《2024年印度创业愿景》，提出到2024年新增50000家创业公司、创造200万个就业岗位的目标。截至2023年5月，印度政府认可的初创企业超过99000家，这些初创公司分布在印度36个邦和联邦直辖区的669个地区。截至2023年3月末，印度有108家独角兽企业，总估值34080亿美元。其中，2021年成立的独角兽企业有44家，总估值9300亿美元；2022年成立的独角兽企业有21家，总估值269.9亿美元。可见，印度创新创业计划取得了良好成效。在政策刺激下，印度经济高速发展，使科技安全的重要性日益凸显。因此，印度通过提升本土科技自主能力实现科技自立，通过制定法律法规来防范科技风险。

在维护科技自立方面，2014年，印度政府宣布"印度制造"计划，旨在围绕汽车、航空、化工、国防军工、电子设备、制药等25个重点行业打造全球制造中心。2020年，印度政府宣布"自立印度"计划，希望在经济、基础设施、系统、人口和市场五个方面实现印度自立。为落实印度政府的"印度制造"和"自立印度"计划，印度政府还制定了生产挂钩激励（PLI）计划、阶段制造业促进项目（PMP）、电子元器件和半导体促进（SPECS）计划、印度商品出口计划（MEIS）、出口产品关税和税收减免计划（RoDTEP）

等，通过政策落实提升印度企业的制造能力。同时，印度通过立法进一步加强本土科技安全。依据《对外贸易（发展与管理）法》实施出口管制；依据《投资法》实施投资审查；依据《印度关税条例》调整进出口关税，保障本土企业发展；依据《外汇管理法》和《统合外商直接投资政策》对外汇和外资投资实施监管。

在科技风险治理方面，印度分领域陆续出台相关法律形成科技治理体系，如依据《信息技术法》和《阻碍公众获取信息的程序和保障措施》保障网络安全，防止网络暴力，管理手机应用软件；依据《原子能法》以及后续颁布的《规则和通知》确保核电设施安全；依据《药品和化妆品法》保障药物安全；依据《2023年个人数据保护法》保护个人信息等。

7.3　打造借鸡生蛋、以我为主的工具方法

印度科技安全工具方法具有明显"两面性"。印度聚焦于本国产业发展需求，制定产业政策推动本国所需的资本、技术、人才向印度流入。同时，印度通过专利、关税制度等保护性措施限制外企在印运营和商品进口，打造了以印度为中心的"单向科技"通道。在重点领域，印度则采取了相对保守的态度防范科技风险。

7.3.1　多措并举提升科技创新能力

印度作为长期采取"本土保护主义"政策的发展中国家，深知科技创新对国家发展的重要作用。印度前总理尼赫鲁曾说过"只有科学才能解决

饥饿和贫困、不卫生和文盲、迷信和死气沉沉的习俗和传统、大量资源被浪费、一个资源丰富的国家中充斥着饥饿的人群等问题。"印度政府高度重视自主创新,印度前总理辛格宣布2010年至2020年为印度"创新的十年"。印度总理莫迪在第100次科学大会上也再次重申:"以科技主导的创新是发展的关键所在。"为加快建设自主创新体系,实现科技发展,印度在资金、人力、基础设施等方面持续加大投入。

1. 多方面提供资金支持,鼓励科技创新

印度的科技研发投入长期维持在GDP的0.6%至0.7%,远低于美国、中国、以色列、韩国等主要世界经济体超过GDP的2%的投入水平。为了提升科技创新水平,印度政府采取了一系列措施,包括加大政府和社会资本的研发投入、实施税收减免等政策,以鼓励和支持科技创新。

2019年,印度政府出台《公司法修正案》。之前的印度《公司法》要求印度净值超过50亿卢比、营业额超过100亿卢比或净利润超过5000万卢比的企业,必须将每年净利润的2%用于承担社会责任,如支持环境保护等社会公益事业。《公司法修正案》允许企业将"社会责任金"用于资助孵化器和科研机构,推动科技研发和科技成果转化。为带动社会资本的研发投入,2010年,印度国家创新理事会建立了500亿卢比的基金,通过政府和社会资本合作(PPP)等模式鼓励科技创新。其中,政府投入100亿卢比作为种子资金,其余经费则从产业界募集。在政策刺激下,印度的研发经费从2004年的532.7亿美元增加到2020年的1709亿美元,且研发投资结构不断优化。

2. 出台税法对科技创新实施税收减免

为激励研究机构和企业增加研发投入,印度对创新主体实施了一系列

税收减免政策。根据《2019年税法（修正）条例》，具体规定如下。

第35（2AA）条：印度政府运营的研究实验室和大学的研究资金，可享受175%~200%的税收减免。

第35（ii）条：研究协会、大学和学院进行科学研究的资金，可享受175%的税收减免。

第35（iia）条：与高校合作进行科学研究的实体，可享受125%的税收减免。

第35（1）（iii）条：与研究协会、大学或学院共同开展社会统计类研究的实体，可享受125%的减免税收。

此外，印度1996年7月23日发布的《第15/96-CE号通知》规定，由印度全资公司设计和开发，并在美国、日本以及欧盟任何一个国家获得专利的商品，可免除消费税三年；根据印度海关1996年7月23日发布的《第50/96号通知》，对政府资助的工业研发项目的产品免征关税。

3. 人才培育和引进为创新发展提供智力支撑

印度拥有大量的劳动力，有着广泛的英语人口，为挖掘"人口红利"以促进科技发展，政府高度重视高等教育和职业技能培训，并积极加强印度裔人才的引进，为加快自主创新体系建设提供坚实的人才支撑。

根据世界银行的数据，2020年印度政府教育支出总额占GDP的4.3%，稳步增长的教育经费对推动高等教育发展发挥着重要作用。根据2020—2021年印度高等教育调查报告，印度有1113所大学，比2014年增加了353所，增长了46.4%。2020年印度有高等教育教师155万人，相比于2011年的124.7万人增长了24%。印度高等教育为印度储备了大批理工类人才，为印度科技发展奠定了人才基础。在大学本科录取中，理学专业录取人数位居第二，占比为15.5%；工程技术专业录取人数位居第四，占比为11.9%。在研究生阶段，科学技术类专业录取人数位居第二，占比为14.83%。据统计，在2021年印度工程技术类科目中，计算机科学、机械工程和电子科学最受学生欢迎，其招录人数分别达到111.8万、62.8万和61.5万。

印度政府高度重视职业技能教育。早在1950年，印度便推出了工匠计划，旨在加强职业技能培训。截至2023年8月，印度有14955个政府或私营培训机构为26.58万名学员提供职业技能培训服务，并为印度《国家技能资格框架》规定的150个职业提供成熟劳动力。1961年，印度颁布了《学徒法》，为技能培训提供了法律保障。《学徒法》提供了学徒培训计划，为学员开展实践培训提供支撑。2012年，印度教育部推出了先锋计划，该计划涵盖了40所学校和4600名学生，致力于加强学校教育与市场需求的对接，从而降低学生辍学率，提升其就业能力。先锋计划包括信息技术、信息技术支撑服务、汽车和零售四个领域。该计划主要通过在中学阶段引入职业教育，加大职业教育和普通教育的融合力度、加强技能评估与鉴定，以提升学生职业技能水平。例如，先锋计划规定在初中阶段开设作为选修课的职业教育科目，在高中阶段将职业教育科目升级为必修课，促进学生技能的提高。

印度长期面临人才外流的挑战。早在1960年，印度政府便开始建立科学人才库。通过为人才库中的专家安排合适的工作，促进移居海外的工程师和科学家回国。同时，印度设立了国家风险基金，实施税收优惠政策，资助归国技术人才创办企业。为发挥印度裔人才在国家建设方面的作用，印度实施了"印度裔卡计划"和"海外公民计划"，并在2012年将两者合并为海外印度人卡。持卡者在购房、医疗、社会保障、所得税、贷款额度、知识产权保护等方面享有"本土公民待遇"，有效保障了印度裔人才回印工作的权益。截至2021年，印度已经发放了3700万张海外印度人才卡，极大促进了海外印度人才的回流。同时，从2003年起，印度对美国、澳大利亚、法国等16个国家承认双重国籍，促进印度"人才共有"，进一步吸引印度人才回国服务。

4. 建设科技基础设施，为创新提供土壤

科技创新离不开高校、研究机构的实验室等基础设施。为此，印度政府加大力度提升科研基础设施质量和数量。

印度政府高度重视高等教育，多次推出世界一流大学建设计划。在"九五"计划（1997—2002 年）期间，印度启动了"卓越潜力大学计划"，并以立法的形式提出建设 14 所世界一流大学的目标。2013 年和 2017 年，印度政府分别启动"创新大学计划"和"卓越大学计划"，为列入计划的大学提供丰富的资金，给予高度自治权，助其提升国际排名。其中，印度教育部发起的"卓越大学计划"旨在未来 10 年内推动 20 所印度高校跻身世界前 500 名。为促进卓越大学的国际化发展，印度科技部颁布了"高级联合访问学者"政策。该政策计划每年从世界排名前 500 的大学中遴选国外专家与卓越大学的教师开展合作。同时，印度政府通过大学拨款委员会等组织对高校进行间接拨款，进一步提升对卓越大学的资助水平。大学拨款委员会的拨款方式分为计划拨款和非计划拨款。计划拨款用于改善学校的基础设施，为教师提供良好的工作环境；而非计划拨款则用于学校的日常人事制度开支。

在印度第 75 个独立纪念日，总理莫迪号召印度工业界通过追求高质量标准和提升全球市场竞争力，实现印度自立。他鼓励实验室根据标准测试产品，并积极申请实验室国家认可委员会（NABL）的认证，确保客户获得便利。NABL 成立于 1988 年，由科技部设立，并在印度质量委员会的主持下独立运行。NABL 的主要认证对象包括基于 ISO/IEC 17025 标准认证的测试实验室和校准实验室，基于 ISO 15189 标准认证的医学实验室，基于 ISO/IEC 17043 标准认证的能力测试提供商和基于 ISO/IEC 17034 标准认证的物质生产商。NABL 通过对实验室管理、实验室设备校准、样品管

理、标准化测试方法程序和技术能力进行评估，完成审查和认证过程。印度大力推行 NABL 认证，据统计，被认证的测试实验室从 2016 年的 1629 家增加到 2024 年的 5151 家，被认证的校准实验室从 2013 年的 459 家增加到 2024 年的 1196 家，被认证的医学实验室从 2021 年的 1898 家增加到 2024 年的 2177 家。印度构建的科技创新体系根植于科技产业自立，使印度科技战略在发展与安全中实现平衡。

7.3.2　攻守兼备实现科技产业自立

在重视自主创新体系建设的同时，印度还通过实行科技自主可控战略提升本国科技安全水平。印度打造"单向科技资源通道"，即在印度不断吸引、利用国际资本、技术等生产资源的同时，通过立法等措施加大对本国关键技术和产业的保护。同时，印度对"同生态位"的国家采取相对歧视的政策，进一步推动本国产业发展，确保产业链安全。

1. 利用国际资源提升科技安全水平

首先，印度加快向欧美等发达国家倾斜，利用双边机制加深技术和产业链多领域合作，打造科技安全国际联盟。2023 年，在印度总理莫迪访美期间，美印在半导体、人工智能、太空等领域达成一系列合作协议：在太空领域，美印签署了《阿尔忒弥斯协议》，并决定在 2023 年底前完成载人航天合作战略框架；在半导体领域，双方签署了半导体供应链与创新伙伴关系谅解备忘录；在量子领域，双方建立"联合量子协调机制"；在清洁能源领域，双方决定在"美印 2030 年气候与清洁能源议程伙伴关系和战略清洁能源伙伴关系"下成立新的工作组，共同开发和部署储能技术；在医疗与健康领域，双方成立了印度—美国全球挑战研究所，促进在卫生和流行病防治等方面的交流合作。2021年，英印签署了《2030年路线图》，旨在加强印度与英国在技术研究和创新方面的合作。为进一步拓宽科技领域合作，英国与印度保持沟通，探讨在卫生、全球气候、贸易、教育、国防等方面合作的可能性。2020年，欧盟—印度峰会通过的《欧盟—印度战略伙伴关系：2025年路线图》确定了双方在医疗健康、数字技术、绿色技术、极地科学等领域的合作。2022年，印度与欧盟重启自由贸易谈判，并成立了贸易与科技理事会，旨在解决双方分歧。2023年，印度和日本共同签署了加强半导体领域产业合作备忘录。同时，日本与印度就在印建设半导体制造、设备和材料产业链等议题展开对话。这些国际合作使得印度成功融入了国际创新链、产业链与安全链，从而最终实现了本国科技安全水平的提升。

其次，印度通过建设全球能力中心，引进国际金融、互联网等巨头的资本、技术和先进管理模式，加深产业链的连接。全球能力中心是指总部在境外，并在境内设立具有信息技术、财务、人力资源等服务能力的组织。据德勤报告，印度是跨国公司设立全球能力中心重要的目的地之一。截至2020年，印度全球能力中心建设数量占全球总数的40%，这充分体现了印度在成本优势方面的竞争力。印度的土地和用工成本不仅远低于欧美等发达国家，而且相比于东亚地区同样具有优势。据报道，印度班加罗尔（全球能力中心在印度的主要集中区）的CBD租金仅为北京的20%，是首尔的28%。而且，印度每年培育数百万计算机、商业管理等领域的高校毕业生，为全球能力中心提供人力支持。同时，印度政府通过设立经济特区、实施税收优惠、推行研发奖补计划、降低外来直接投资门槛等措施吸引外资企业。

目前，印度全球能力中心超过1800个，雇员多达130万人。印度全球能力中心主要集中在金融服务、咨询、信息技术、互联网、零售和信息中介服务等领域。预计在未来4—5年，印度全球能力中心将超过1900个，雇员超过200万人，收入超过600亿美元。

再次，印度外商直接投资（FDI）政策为外商投资提供政策保障，使其充分利用国际资源。外商直接投资进入印度有两种方式：一种是无须向政府申请许可的"自动审批方式"，另一种是基于政府审批的"政府审批方式"。印度的外商直接投资政策采取负面清单模式，即除了博彩业、房地产业、烟草、原子能等完全禁止的领域，其他领域都可以进行投资，但是在部分行业存在投资上限。

2016年，印度再次放宽了单一品牌零售商、医疗器械、航空等领域的外商投资门槛，并提升了投资审批的自动化比例。在制药方面，投资占比在74%的外国投资可以通过自动通道进行，超过74%的外资投资需要经过批准。在民航方面，所有外资都可以进入印度民航企业，但是国外航空公司的股份占比不得超过49%。在零售方面，所有外资都可以进入食品生产加工领域，但需要取得批准。因此，印度成为极具吸引力的FDI接受国。根据《2022年世界投资报告》，印度在2020年世界主要FDI接受国中排名第八，信息技术、电信和汽车行业是FDI主要的流入对象。

专栏　印度与IBM合作推进人工智能、半导体和量子技术

2023年10月19日，据DigiTimes网消息，美国IBM公司宣布与印度合作，以支持印度在人工智能、半导体和量子技术领域的愿景。具体的合作内容包括：与印度理工学院孟买分校建立人工智能合作，专注于开发人工智能算法和混合云技术；与电子城工业协会（ELCIA）共同建立半导体卓越中心，旨在促进半导体设计和制造方面的研发；与印度科技部合作建设量子计算卓越中心和量子中心，加速量子技术研发，并合作进行人才培养。相关合作不仅将帮助印度发展前沿科技，也是美国先进技术供应链在印太地区的进一步布局。

最后，印度通过政策法规实践强化本土科技安全。一是以政府奖励吸

引内外资带动本土制造。2012年，印度电子信息部出台了改良特别奖励计划（M-SIPS），对电子信息制造类企业提供资金扶持。该计划提供为期5年的奖励资金，用于鼓励电子信息企业扩建厂房，强化44个电子信息产业链垂直领域（包括原材料、组装、测试、芯片等）的本土制造能力。M-SIPS对印度特别经济区给予20%的资金补贴，对非经济特区给予25%的资金补贴。

2015年，印度出台了"阶段制造业促进项目"（PMP）。PMP按照整机装配、配件制造、普通器件制造、高价值器件制造的延伸顺序，通过对各阶段产品逐步加征区别性的关税，促进印度逐步形成手机制造的各个环节能力，最终培育完整的产业生态。在PMP第一阶段，印度对整体进口的手机加征13.5%的关税，但对组装整机的配件、零件和元器件实行关税豁免政策，导致本地组装手机和进口手机之间出现了13.5%的成本差，从而引诱国际厂商在印度投建装配工厂。在PMP第二阶段，印度开始对部分组装零部件加征额外关税，但对上游高价值元器件实施免税政策，促进国际厂商将手机上游产业向印度转移。

2020年，印度政府制定了生产挂钩激励计划（PLI），旨在加快建设本土产业链。PLI最初主要针对手机、电子零部件等制造业，目前已扩大到14个不同行业。根据PLI计划，印度选出5家全球智能手机（或零部件）生产商和5家印度本土智能手机生产商，给予产能价值的4%或销售额的6%的现金奖励，鼓励企业在印度投资建厂。2021年，莫迪政府宣布了"印度半导体计划"，该计划属于PLI方案的一部分，并获得7600亿卢比（约100亿美元）拨款。印度半导体计划将为在印度成立的化合物半导体企业和半导体封测企业，最高提供项目成本50%的资金支持。此外，为促进国内半导体制造，政府还免除了用于国内半导体制造的材料、设备及其零部件的基础关税。电子制造集群计划（EMC 2.0）通过为大型制造业集群提供工业用地，吸引大公司及其附属公司在印度建厂。电子元器件和半导体促进计划（SPECS）则对相关企业提升电子元器件和半导体产品产能提供财政资金支持，最高不超过项目投资总额的25%。

专栏　印度启动对华供应链安全评估研究
印度《经济时报》2024年1月24日报道，印度国家转型委员会为评估中印贸易走势，进一步缩小印度对华贸易逆差、保障印度供应链安全，邀请安永、毕马威咨询服务、印度发展评估协会（DESI）等10余家机构开展印度对华不同产业贸易依赖模式及成因的研究，重点审查中国关税和非关税壁垒、监管生态、市场准入等问题，分析中印贸易供应链，特别是比较印度与其他亚洲国家贸易情况，探讨印度在中国市场拥有比较优势的产品类别，并提出增加对华出口建议。印度国家转型委员会表示，中国在印度某些行业占支配地位，加剧了印度供应链对华依赖。鉴于此，印度政府拟制定全面行动计划以缩小印度对华贸易逆差，维护印度供应链安全。

专栏　印度推出电动交通推广计划（EMPS），加大产业补贴
莫迪政府2024年3月13日宣布了2024年电动交通推广计划（EMPS），以促进电动载具销售。EMPS于2024年4月1日起生效，有效期4个月，旨在取代于3月31日失效的电动载具第二阶段"更快采购和制造电动汽车"计划（FAME-Ⅱ，2019年推出，目前已补贴近582.9亿卢比，覆盖192款电动汽车）。EMPS预计拨款50亿卢比，消费者购买两轮车、轻型三轮车（如电动三轮车）、重型三轮车（如汽车和商用车辆）可分别获得最高1万卢比、2.5万卢比、5万卢比的补贴。分析指出，EMPS计划可促进电动车制造产业生态发展、推动普及绿色交通，特别是彰显莫迪政府推动交通可持续发展的承诺。

2. 以进出口政策保护本土产业实现科技安全

在进出口政策方面，印度不仅通过补贴、减税等手段帮助印度商品出口，同时还通过出口管制限制关键技术出境，最终实现科技安全。

2015 年，莫迪政府推出了"印度商品出口计划"（MEIS），旨在促进本地商品出口。该计划为期 5 年，政府每年为出口提供超过 22000 亿卢比的补贴，补贴比例在 2%～5%，根据出口国家不同而异。2021 年，印度出台出口产品关税和税收减免计划（RoDTEP 计划），并取代了 MEIS 计划，该计划为出口商提供地方关税减免、征税退款等多种形式的出口减免政策。该计划旨在降低中小型制造企业出口商的产品出口隐性成本，这些隐性成本包括在产品生产和销售过程中征收的商品和服务附加税，例如，因制造产品所需电费而缴纳的曼迪税、市政税或财产税、出口单据印花税、用于产品运输的增值税和消费税等。

印度出口管制法律由《对外贸易（发展与管理）法》《对外贸易政策》《程序手册》和特定领域出口管制有关规定组成。印度出口管制下的"出口"含义极为广泛，包括"出口""再出口""转运""无形转移""视同出口"，以及特定情形下印度境外的交易。《对外贸易（发展与管理）法》颁布于1992 年，赋予了印度中央政府对外贸易的管理权力，如制定对外贸易政策、禁止或限制进出口活动等。2010 年，该法经过修订，增加了对军民两用特定货物、服务和技术的出口管制条款。根据该法第 5 条，印度工业和国内贸易促进部每隔 5 年发布一份《对外贸易政策》和《程序手册》，该文件虽然不属于法律文件，但是具有行政法规的作用。《对外贸易政策（2015—2020)》和《程序手册》的第 2 章包含出口管制相关内容，如管制物项的出口规定、维修货物和展览货物的出口规定、向特定国家的出口规定、申请出口许可等内容。印度在 1962 年颁布的《原子能法》和《海关法》、2000

年颁布的《化学武器公约法》、2005 年颁布的《大规模毁灭性武器及其运载系统（禁止非法活动）法》等，也分别对相关物项的出口进行限制，并规定了违法处罚。

1995 年，印度首次发布名为"特殊材料、设备和技术"的军民两用物项管制清单。该清单随后更新并改名为《特殊化学品、生物体、原材料、设备和技术清单》（SCOMET 清单）。2018 年，SCOMET 清单进行了较大更新，以使其与核供应国集团（NSG）、《瓦森纳协定》（WA）、澳大利亚集团（AG）、导弹及其技术控制制度（MTCR）4 个多边出口管制清单保持一致。

SCOMET 清单将管制物项分为 9 类：第 0 类，核材料、与核有关的其他原材料、设备和技术；第 1 类，有毒化学制剂和其他化学品；第 2 类，微生物、毒素；第 3 类，原材料、原材料加工设备以及相关技术；第 4 类，与核有关的其他设备和技术（第 0 类下的除外）；第 5 类，航天系统、设备，包括生产和检测设备以及相关技术；第 6 类，弹药清单；第 7 类，（预留）；第 8 类，特种材料及相关设备，包括材料加工、电子、计算机、电信、信息安全、传感器和激光器、导航和航空电子、船舶、航空航天和推进器等领域。

同时，印度通过保护性关税措施和"进口许可"限制国外商品进入市场。印度的关税根据《印度关税条例》制定和实施，由财政部下设间接税和海关中央委员会（CBIC）管理。印度的关税体系复杂，主要包括基本关税、社会福利附加费、综合商品和服务税等。基本关税可按照物品单位（重量、数量等）的特定税率征收，或按照物品应纳税的价值征收。2018 年，印度关税引入社会福利附加费代替教育税，税率是货物价值的 10%；综合商品和服务税适用于所有进口到印度的商品，是向制造、销售和消费商品或服务等环节征收的单一增值税。据世界贸易组织 2019 年数据，印度适用的最惠国进口关税为 13.8%，是所有主要经济体中最高的。

2014年起，印度开始对手机、手机零部件、有线电话听筒、基站、静态转换器或电线电缆等产品征收最高达20%的关税。2018年，为削减经常账户赤字，阻止卢比进一步贬值，印度将智能手表、电信设备等17种商品的关税增加至20%。尽管此举涉嫌违反WTO规则，但印度政府始终将关税手段作为实现本土产业保护的重要手段。

专栏　印度宣布限制PC（个人计算机）相关产品进口
2023年8月3日，印度对外贸易总局宣布，为推动印度本土制造业发展，即日起限制属于"HSN 8741"类目下的笔记本电脑、平板电脑、一体机、超小型电脑和服务器的进口。印度对外贸易总局表示，数控机床、核磁共振仪等设备自带的控制电脑，不受此规定限制。同时，也提供一些与个人采购相关的豁免。

3. 以"投资审查"强化资本管控确保科技安全

2020年，印度工业和国内贸易促进部修订《投资法》，要求在印投资企业必须披露实际受益人信息。实际受益人是指直接或间接持有印度公司股份的自然人，其投票权不低于10%、获得分红不低于10%，或者可以对公司决策产生实际性影响。因此，可变利益实体架构均被纳入印度外资监管之中，同时，该法要求所有来自中国的投资都需要事先获得印度政府批准。2022年，印度政府通过了《特许会计师、成本和工程会计师及公司秘书（修订）法案》和《公司（董事的任命和资格）修订规则》。根据上述法律法规，由于中国与印度接壤，因此中国公民申请印度董事身份号码需要事先获得印度政府的安全许可，并且需要在相关资料中"声明"和"核查"该安全许可。这些法律法规再次给中资企业进入印度市场设置了阻碍。

在印投资审查审批流程如图7-2所示。

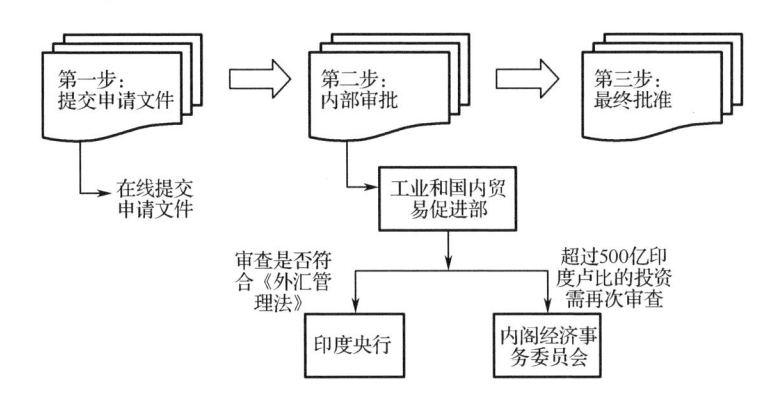

```
第一步:              第二步:              第三步:
提交申请文件    →    内部审批      →    最终批准
     ↓                  ↓
在线提交            工业和国内贸
申请文件            易促进部
                 ↙         ↘
        审查是否符          超过500亿印
        合《外汇管          度卢比的投资
        理法》              需再次审查
           ↓                   ↓
        印度央行            内阁经济事
                            务委员会
```

图 7-2　在印投资审查审批流程

第一步：提交申请文件。

外国投资提案连同其他相关文件需要在外国投资便利化门户网站上在线提交。

第二步：内部审批程序。

①工业和国内贸易促进部确定负责审查的相关部门后，将提案传阅并在 2 天内在线分发给 RBI（印度央行）进行《外汇管理法》相关规定审查；②工业和国内贸易促进部需在收到在线申请后 4 周内提供意见；③根据审查情况，可能要求申请人在 1 周内提供其他说明材料；④涉及超过 500 亿印度卢比（约合 7.75 亿美元）的外国直接投资的提案需提交内阁经济事务委员会再次审查。

第三步：最终批准。

所有材料提交和审批程序都完成后，将在 8 周至 10 周内获得批准。投资者需要配合政府机构不断修改、补充提交文件，甚至出席线下听证，直至获得外资设立印度公司的批准。

专栏　印度要求在印度的中国手机企业任命印籍人员担任 CEO 等职
2023 年 6 月 13 日，印度《经济时报》报道，三名知情人士透露，印度政府高层官员近期在电子信息部会议上，和小米、OPPO、realme

(真我)、vivo 等中国智能手机制造商以及印度手机和电子协会（ICEA）讨论了相关问题。知情人士称，印度高官在会议上要求在印度的中国智能手机制造商，任命印度籍人士担任首席执行官（CEO）、首席运营官、首席财务官和首席技术官等高管职位。印度政府还指示这些企业将手机合同制造工作委托给印度公司，开发有当地企业参与的制造流程，并通过当地经销商出口。印度还要求这些中国企业遵守法律，不得在印度逃税。realme 国际业务总裁赛斯说，印度政府希望这些中国企业能够利用当地的人才和生态系统，将印度作为出口和生产基地。此举将为印度产业增添附加值，使当地企业能够自力更生。上述消息传出之际，印度执法局向小米科技印度分公司和三家银行发出通知，指控小米违反《外汇管理法》，非法向外国实体转移资金，还冻结了小米 555.1 亿卢比的资金，约占小米 2022 年净利润的 57%。

4. 以"两面性"的知识产权制度维护本国利益

印度知识产权制度是保护主义与全球化发展相互作用的结果。一方面，为促进印度 IT 行业发展，承接软件外包国际业务，印度在版权特别是软件版权领域积极与"国际通行规则"接轨，实施严厉的制裁手段。另一方面，印度则通过"强制许可"以及相关法律解释，采取了一种激进的本土保护专利政策，促进本土医药行业发展。

1970 年，印度正式通过《专利法》，替代了 1911 年出台的《专利和设计法案》，从此奠定了印度本位的防御性专利政策。在这种防御性专利政策下，印度医药产业获得了实质性收益。印度专利法将药物专利分为"产品专利"和"方法专利"，并规定只保护"方法专利"，即通过实施强制许可，仅对生产食品、药品、农用化学品等大类的生产过程授权专利，而不对产品本身授权专利。因此，印度本土药企可以通过"逆工程"，采用其他生产方法仿制外资药企产品，省去了新药研发资金投入，从而得到较为廉价的仿制药。同时，印度法律还大幅缩短了药物专利保护时间，仅提供一个从申请日起算为期7年或从授权起算为期5年的专利保护期，使得印度企业大量生产仿制药，并成为仿制药出口大国。

7.3.3 防微杜渐加强科技风险防范

印度尚未在国家层面设立统一的管理机构来加强科技风险治理。目前，监管主要由各部委按照其相应职责在不同领域实现。在核能安全、网络安全、数据安全等方面，印度通过立法加强监管；在人工智能、网络犯罪、医学等涉及科技伦理方面，印度则通过指导性文件或政策法律加以引导。

1. 出台法律法规加强重点领域风险监管

在核能领域，印度仅有不到3%的能源来自核能。根据2022年数据，印度有22座运行的核反应堆，装机容量约为6780吉瓦。另有8座核反应堆在建，装机容量为6000吉瓦。印度原子能委员会前主席阿尼尔·卡科德卡表示，如果不增加核能，印度将无法实现净零排放目标。因此，政府计划到2031年将核能发电量提升至两倍，达到22.48吉瓦，发电占比也将提升到全国电力产量的5%。

印度核能由原子能监管委员会（AERB）负责监管，其主要任务包括确保辐射和核能安全，保障工人、公众健康、环境保护等。在法律上，印度核能利用主要受1962年颁布的《原子能法》及后续颁布的《规则和通知》管辖。同时，1884年颁布的《印度爆炸法》、1974年颁布的《水（污染预防和控制）法》、1981年颁布的《空气（污染预防与控制）法案》、1986年颁布的《环境保护法》、2003年颁布的《印度电力法》、2005年颁布的《灾害管理法》也对核电厂选址运营提出了要求。

AERB 的主要任务包括：①制定监管机构安全文件。依据 AERB/SG/G-06《核辐射设施监管安全文件开发指南》，AERB 制定安全准则、安全标准、安全指南、安全手册和技术性文件。其中，安全准则和安全标准属于强制性文件，安全指南、安全手册和技术性文件则旨在加强规范指导。在批准程序上，安全准则需由 AERB 董事会批准，其他监管文件由 AERB 主席批准即可。②批准建设新的核电设施。目前，印度只允许政府和央企建设和运营核电设施。AERB 利用所属实验室，在核电设施选址、施工、调试和运营的全过程进行评估、审查，并颁布批准同意书。③核电设施运营合规检查。AERB 应在核电设施运营前、许可期间以及许可更新期间对核电设施进行审查，确保核电设施安全稳定运行。

在网络安全方面，印度建立了以总理办公室为核心纽带的网络安全组织体系。印度总理办公室主要直属部门包括研究分析部门、国家技术研究组织与国家安全委员会秘书处。研究分析部门负责收集外部情报和监测网络动向，尤其关注外国对印度发起的网络攻击活动；国家技术研究组织负责向各个部门提供情报和技术支持。除了总理办公室，印度电子信息部在网络安全组织体系中同样扮演了重要角色。电子信息部是实现民用网络安全最主要的职能部门。电子信息部下设的计算机应急响应小组负责收集、分析和传播网络事件的信息、网络安全预警、网络安全事件应急措施制定、网络安全审查等事项。

印度网络安全治理主要依据《信息技术法》。《信息技术法》第 66A 条规定对发送攻击性信息进行惩罚；第 67A 条将传输和发布色情信息定为犯罪；第 69A 条规定可以阻止公众通过计算机网络获取信息；第 69B 条授权监测和收集计算机资源的流量数据或信息；第 79A 条规定中央政府可在官方公报中指定中央政府或地方政府的任何部门、团体或机构为电子证据审查员等。印度电子信息部发布的《政府部门关于云服务合同条款指南》和

《国家数据共享和可访问性政策》则要求云计算服务提供商和政府数据必须存储在本地数据中心。

专栏　莫迪政府拟推行"国家网络安全参考框架"
《印度快报》2024 年 1 月 31 日报道，莫迪政府拟推行"国家网络安全参考框架"（NCRF），旨在明确网络安全职责，提供切实可行的网络安全方案。近年来，印度本土网络安全产品和应对方案快速发展，但因缺乏网络安全总体框架，相关机构在法律制定过程中面临许多困难。NCRF 由印度国家关键信息基础设施保护中心（NCIIPC）起草，详细介绍全球网络安全标准、产品及应对方案。印度官员表示，NCRF 将取代 2013 年国家网络安全政策（National Cyber Security Policy of 2013）。据悉，NCRF 倡导企业在银行、电信、能源等关键领域使用本土安全产品和服务。此外，NCRF 还建议企业至少将整体网络技术预算的 10%用于网络安全方面。

在数据安全方面，2017 年，印度政府成立了数据保护专家委员会，并由大法官 B.N.Srikrishna 领导，其目标是制定与个人数据相关的法律框架。2023 年，印度在保护数字隐私方面迈出重要一步。《2023 年个人数据保护法案》最终在印度上院通过，使得印度成为拥有数据保护法律的国家之一。该法案规定在数据保护专家委员会的基础上，新设印度数据保护委员会，并明确了其职责任务，包括：①监督个人数据保护合规情况并实施处罚；②指示数据受托人在数据泄露的情况下采取必要措施；③听取受影响人员的申诉。委员会成员任期两年，并有资格再次任命。

《2023 年个人数据保护法案》充分吸收了欧盟《通用数据保护条例》的相关规定，强调数据处理的同意原则，即只有在个人同意的情况下，才能处理个人数据。并给出在特定情况下数据处理的情况，如个人自愿共享数据或获得国家处理许可、执照等。数据受托人有义务维护数据的准确性，确保数据安全，并在达到处理目的后删除数据。数据负责人有以下权利和义务：个人数据所有者有权获得有关处理的信息，寻求更正和删除个人数据，以及在其死亡或丧失能力的情况下提名他人行使权利，并进行申诉补救。该法案允许向印度境外传输个人数据，但被中央政府限制的国家除外。

2. 引导科技向善，划定科技伦理红线

在人工智能方面，印度目前尚未制定有效的法律实施措施，主要依赖印度国家转型委员会发布的指导性文件来加强引导。2021年，印度国家转型委员会发布了《负责任人工智能原则（第一部分)》，为印度建立安全可靠的人工智能生态系统提供了路线图，并提出了人工智能系统安全可靠管理的七大原则：①安全性和可靠性；②包容性和不歧视；③平等；④隐私和安全；⑤增加透明度；⑥形成问责制度；⑦保护有益的人类价值观。同年，该委员会还发布了《负责任人工智能原则（第二部分)》，强调政府对人工智能技术监管和政策引导的重要性，鼓励私营部门和研究机构加强合作，在社会中负责任地采用人工智能技术。

为加强对人工智能技术的监管，印度标准局（BIS）下属的人工智能委员会发布了人工智能标准。目前，印度已经发布了与国际标准相对应的三项人工智能标准草案，分别是 ISO/IEC 24668、ISO/IEC TR 24372 和 ISO/IEC 38507。遵循 ISO 国际标准将有助于人工智能技术的推广使用，推动人工智能在法律和政策方面实现监管协同。

印度是全球第二大互联网国家，据思科（CISCO）发布的年度互联网报告，2023年印度互联网用户数量达到了9.07亿人，约占印度全国总人口的64%。网络的快速发展也导致了网络犯罪形势的严峻。

印度治理网络犯罪主要依据《信息技术法》。该法第67条规定，以电子形式出版或传播淫秽材料的行为可被处以最高五年监禁或十万卢比罚

款;第 507 条规定,通过匿名信恐吓他人的行为可被处以最高两年监禁。2008 年,印度通过《信息技术(修正案)法案》,对利用网络进行的犯罪行为加强约束和惩戒。2013 年,印度修改刑法,将网络骚扰和网络诈骗确定为刑事犯罪,加大对网络犯罪的惩罚力度。

据统计,在印度,女性和儿童是网暴的主要受害者。调查显示,在社交媒体上超过 58% 的年轻女性曾面临过骚扰和虐待,超过 85% 的儿童曾遭受过网络欺凌。鉴于此,印度全国妇女委员会和国家儿童权利保护委员会负有防止妇女和儿童遭受网络暴力和网络欺凌的重要责任。其中全国妇女委员会有权调查涉及剥夺妇女权利的投诉,支持女性受害者提起法律诉讼,以打击网络暴力、监测和报告相关事件。国家儿童权利保护委员会依据 2005 年出台的《保护儿童权利委员会法》设立,该委员会通过宣传和教育提高公众对儿童网络安全的意识,帮助家长和学校管理者预防儿童遭受网络暴力。

在医学与药物领域,印度作为国际人用药品注册技术协调会的 22 个观察员之一,在医药产业具备一定国际竞争力。2021 年,印度国内医药市场规模达 420 亿美元,印度制药工业的产量位居世界第三。印度 90% 的制药公司主要从事仿制药的生产,在 2021 年全球仿制药 TOP10 企业中,印度药企占 40%。为此,印度形成了相对完整的医疗器械和药物监管体系。

印度药品管理总局(DCGI)负责药品研制和监管工作。主要职责包括制定药品生产、销售、进口的标准,监管医疗和制药设备,在药品质量出现任何争议时,作为上诉机构,制定和维护国家药品参考标准,确保《药品和化妆品法》有效实施。DCGI 下设中央药品标准控制组织(CDSCO),制定印度临床试验规定。此外,印度政府在 2017 年发布了《医疗器械条例》,对医疗器械实施强制许可。

【总结分析】

相比于美国、欧盟等发达国家及经济体，印度作为人口最多的发展中国家，其科技安全战略与国际环境和基本国情息息相关。印度通过承接国际产业转移，快速提升了科技研发能力，但美国等西方国家牢牢掌握资本和科技，以参股或控股等方式主导全球主要生产要素资源的分配。因此寻找"自主与开放"之间的平衡，是当前印度构建科技安全体系的关键。

印度科技安全的实施路径对发展中国家的科技现代化具有重要的参考意义。首先，承接产业转移是快速形成科技创新基础能力的现实路径。印度充分利用自身优势资源实现科技发展。随着经济全球化发展，劳动密集型产业向劳动力丰富且成本低廉的国家转移，印度利用其人口红利优势承接产业链转移，利用开放政策和高素质国际化人才吸引外资外企，为推动高新技术发展奠定重要基础。其次，积极开放合作是弥补本国科技资源短板的重要方法。开放型经济所带来的资本、技术、人才等生产资料对提升本国技术发展和产业升级起到了重要作用。此外，印度充分利用大国地缘政治地位，积极配合美国印太战略，通过多边合作争取了大量科技安全资源。再次，保护主义下的科技自立可能会对吸引外国资金和技术造成阻碍。为了保护本国科技产业发展，印度给予了相关企业关税、补贴等非市场化的支持政策，并屡屡对微软、IBM、宝马、三星、小米等外国企业开出天价罚单，这加深了外国资本的不安与疑虑，导致自2014年至2021年，多达2783家外国公司离开了印度。

第8章
日本战略实践：竞争与领跑

日本是全球科技创新大国，在电子、机械、半导体、通信、生物技术等领域处于世界领先地位。日本在 2023 年全球创新指数报告中排名全球第 13 位，且在本国市场规模、出口产品技术复杂度、知识产权收入占贸易总额比例等 7 项关键指标中均位列世界第一。日本拥有东芝、本田、NTT、索尼等众多国际知名的科技公司和研究机构。作为一个后发赶超国家，日本经历了技术引进与消化、日美贸易摩擦与科技摩擦，以及对后发国家的技术保护等阶段。当前，日本的科技安全不仅面临着中国、印度等国的步步紧逼，其科技产业发展和科技政策的制定还深受到以美国为首的西方国家的影响。此外、近年来，日本学术不端事件频发、科技治理面临巨大挑战。面对日益严峻的竞争形势，日本打造了内阁统筹的科技安全体系，以期在数字时代依然保持科技的领跑地位。

8.1 构建集中决策、政研联动的组织架构

日本科学技术相关的行政体系主要由内阁府领衔的政府部门和独立行政法人制度推动下的各类新型研发机构构成。

8.1.1 打造内阁统筹、产业联动的协调机制

21世纪之后,日本的科学技术相关的行政机构包括内阁府、文部科学省、经济产业省、总务省、国土交通省、厚生劳动省、环境省、农林水产省等8个部门,其中,内阁府、文部科学省和经济产业省承担的科学技术职能相对集中。内阁府通过科学技术创新委员会制定国家推进科学技术与创新的顶层政策;文部科学省贯彻科学技术创新委员会要求,出台相应执行政策;经济产业省则促进政产学研合作,推动具体产业科技创新和应用。日本科学技术相关的行政机构如图8-1所示。

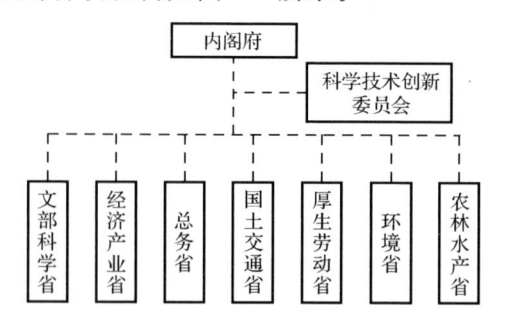

图 8-1 日本科学技术相关的行政机构

日本内阁,为现行《日本国宪法》下的最高行政机关,由日本首相及

其他国务大臣组成。2001年，日本开展了行政机构改革，旨在通过强化内阁和首相办公室的职能，实现高效、透明的政府，政府机关从原本的1府22省厅改编到1府12省厅，其中科学技术厅合并到文部省，改制成为今天的文部科学省。同年，日本内阁设立了综合科学技术委员会，取代了1959年成立的总理大臣咨询机构"科学技术委员会"，成为日本科技创新政策制定的中枢。综合科学技术委员会由首相直接领导，打破了以往"各省厅分担体制"，以推动整个日本的科技发展为目标，统筹各省厅的职能和诉求，制定相关政策。2014年，综合科学技术委员会改组为"综合科学、技术和创新委员会"，并将原属于文部科学省的科技行政职能（如调整经费预算方针、制订和执行基本计划等）移交至内阁府，以实现更高效、精准的政策施行。综合科学、技术和创新委员会由首相担任主席，并由相关大臣、部长和专家等成员组成，其主要职责包括：①对科学技术基本方针进行研究与审议；②对科学技术预算和资源配置进行调查与审议；③对国家级重要研究与开发项目进行评价；④对通过研发成果的实际应用促进创新创造环境的综合开发，进行研究与审议。

文部科学省是日本中央政府行政机关之一，负责统筹日本国内的教育、科学技术、学术、文化和体育等事务。该部门成立于2001年1月，由原文部省及科学技术厅合并而成。原科学技术厅的"科学技术政策局"（不包括负责制订基本计划的部门）、"科学技术振兴局"和"研究开发局"吸收了文部省的学术创作部门，分别变成文部科学省的"科学技术与学术政策局""研究振兴局"和"研究开发局"。新成立的文部科学省的科学政策旨在改善大学的科研环境与条件。文部科学省负责根据综合科学、技术和创新委员会的顶层规划，全面推进各领域具体研发计划编制、协调相关行政机构科技相关事务，促进国立大学和国立研究所之间更紧密的合作，推动官、产、学联合，推进重要先进科技领域研发、加强创新和基础研究等。文部科学省下设日本原子能研究开发机构、日本宇宙航空研究开发机构、日本海洋地球科学技术机构、日本国家防灾科学技术研究所等研发机构。日本国家科学技术和学术政策研究所，作为文部科学省直属的国家研究机构，负责开展科学技术政策和创新研究。此外，作为受文部科学省管辖的独立行政法人机构，日本学术振兴会负责分配学术领域的科学研究和国际交流经费。

除了文部科学省，经济产业省对日本科技安全也至关重要。经济产业省的前身是通商产业省，主要负责科学技术创新和研究开发等产业技术政策的制定，以及计量、知识产权、防止不正当竞争、新兴产业发展、企业营商环境等方面的工作。经济产业省还下设新能源产业技术综合开发机构，负责产业技术开发项目管理和资金支持。此外，经济产业省还下设有产业技术综合研究所和经济产业研究所等研究开发机构。

8.1.2 建设职能分类、灵活运营的研究机构

国家研发机构在日本科技安全中扮演着至关重要的角色。20 世纪 50 年代，日本政府在各省厅管理下，成立了一批国立的开发机构，按照当时国家社会经济发展总体需要和各省厅主管领域发展规划确定研究开发工作。然而，最初这些开发机构的运营模式更加偏向行政管理，其预算、人事及业务等方面都受到上级管理部门的严格限制，因此研究效率相对低下。1999 年，日本引入了西方国家新的公共管理理念，逐步将各省厅下属的国立研发机构剥离出来，转变为"独立行政法人"，并在管理、业务等方面给予其更多的自主权，但相关科研人员的收入水平仍与国家公务员相近。2012年，安倍晋三提出把日本建设成为"世界上最适宜创新的国家"的战略目标，为实现这一目标，日本内阁再次深化了独立行政法人改革工作，并将相关机构划分为三类，一是以执行国家事务为目标的行政执行法人机构；

二是提供多样化公共服务的中期目标管理型法人机构；三是从事研究开发的国立研究法人机构。2016年，为鼓励和培育更多"世界最高水准研发成果"，并增强日本在特定领域的国际竞争力，日本在原有国立研究法人机构的基础上，将"物质材料研究机构""理化学研究所""产业技术综合研究所"3家机构认定为特定国立研究开发法人（超级法人）。截至2023年4月，日本共有独立行政法人87个，在各个领域为日本科技安全提供了强有力的支撑。

8.2 优化动态调整、鼓励创新的政策体系

日本科技安全政策法律体系的演进历程受美国影响较大，无论是战后美国对日本的产业转移还是20世纪末日本贸易摩擦，对相关政策的制定都造成了显著影响。目前，日本科技安全政策法律体系由顶层的《科学技术创新基本法》《科学技术基本计划》《综合创新战略》《通过综合实施经济措施促进安全保障法》，以及具体领域的研究机构法、研究内容管理法、成果转化法等构成。

8.2.1 重塑领先优势的演进路径

总体上，日本科技安全政策大体可以分为三个主要阶段：战后重建阶段、强化基础研究阶段和鼓励创新创造阶段。

首先是战后重建阶段（20世纪40年代至20世纪60年代）。1945年，日本投降，美国对日政策的一个主要目标是"解除日本武装并进行非军事

化改造",此时,日本的工业生产能力受到限制,科技发展停滞。然而,随着冷战的升级和朝鲜战争的爆发,美国以"特需"形式向日本企业订购了大量战争物资和一般工业产品,并向日本导入了质量管理方法,促使日本的科技产业得以重启。1952 年,通产省制定了《武器等生产法要纲》,推动了军工产业和飞机产业的发展。随着"特需"订单的快速增长,日本民间企业积累了大量外汇。1960 年,日本内阁提出"国民收入倍增计划",在政策的引导下,民间企业通过技术引进、设备投资等方式,从欧美引入了大量技术,并通过模仿、消化与改良,迅速实现产业化和商品化。此后,在市场收益的刺激下,在日本民间企业中迅速掀起了科技研发的热潮。就此,直到现在都依然存在的"民间企业主导型"日本研究开发结构初步形成。

其次是强化基础研究阶段(20 世纪 70 年代至 21 世纪初)。20 世纪 70 年代,日本经历了经济高速发展,国内生产总值跃居世界第二位,并与美国产生了贸易摩擦,美国指责日本在基础研究领域"搭便车"。在此背景下,日本科技发展的重点由"追赶和模仿"转变为"强化原创的基础研究"。然而,到了 20 世纪 90 年代,日本进入了长期的经济停滞时期,以私营部门为主的研发投入日益减少。为增强产业竞争力,日本社会各界对增加科技研发投入的呼声日益高涨。1995 年,日本《科学技术基本法》制定实施,该基本法是第一部规定政府保障全面促进科学技术预算的法律,为政府的科技政策提供了明确的法律框架。在此期间,日本共发布了三期《科学技术基本计划》,其内容概览如表 8-1 所示。

最后是鼓励创新创造阶段(2010 年至今)。2020 年,日本修订《科学技术基本法》,并将其更名为《科学技术创新基本法》,一方面强化对人工智能、生命医学等技术研发和应用规则的适用性,另一方面将法学和哲学等人文科学领域列为新的支持对象。《科学技术创新基本法》以法律形式明确了日本"科学技术创造立国"的战略方针,提出科学技术创造是日本和人类社会未来发展的源泉。这一阶段,日本同样发布了三期《科学技术基本计划》，其内容概览如表 8-2 所示。

表 8-1 日本第 1-3 期《科学技术基本计划》内容概览

名　　称	主　要　内　容
第 1 期《科学技术基本计划》（1996—2000 年）	聚焦科研体制建设改革方面，提出希望通过增加政府的科技研发投入、扩大竞争性资助体系、推出万名博士后支援计划等方式，振兴日本政府对科技研发的促进作用
第 2 期《科学技术基本计划》（2001—2005 年）	首先提出了 21 世纪日本科学技术发展的四个目标，即在 21 世纪初成为"通过知识的创造和利用对世界作出贡献的国家""具有国际竞争力的国家""通过知识实现可持续发展的国家""人民能够安全、放心、高质量生活的国家"。此外，本期"基本计划"还确定了生命科学、信息和通信、环境、纳米技术与材料等四个重点支持领域，并提出创造竞争环境、改革产学合作机制、重视科技伦理和社会责任等
第 3 期《科学技术基本计划》（2006—2010 年）	在第 2 期四个重点支持领域的基础上，增加了能源、制造技术、社会基础设施和前沿科学四个优先推广领域，并明确了"科技兴国"的基本立场。此外，本期"基本计划"特别强调了开发科技研发人力资源，尤其是女性研究人员的重要性

表 8-2 日本第 4-6 期《科学技术基本计划》内容概览

名　　称	主　要　内　容
第 4 期《科学技术基本计划》（2011—2015 年）	一是在已有科技政策的基础上，增加创新政策维度，并作为"科技创新政策"统筹推进。二是强化国家科技创新政策的成果导向，一方面，加强科技政策评价体系建设，建立计划循环法（Plan、Do、Check、Act，PDCA）制度；另一方面，政府需提前设定国家科技创新政策目标，并进行结果考核。三是受"3·11 日本地震"影响，增加了风险管理与危机管控的相关内容，并提出了灾后重建、生活创新和绿色创新三大研发目标领域
第 5 期《科学技术基本计划》（2016—2020 年）	本期基本计划最大特点是提出了"超智能社会"（Society5.0）的概念，即人类经历了狩猎社会、农耕社会、工业社会、信息社会之后，在物联网、人工智能等技术的赋能下，未来将进入的第五个社会形态。基于实现 Society5.0 的战略目标，本期基本计划提出了智能交通系统、能源价值链、新型制造系统、社区综合护理系统、基础设施维护、管理和更新等重点研究领域。并进一步细化了上一期基本计划提出的科技政策评价体系，提出每年除制定综合战略外，还设定目标值和主要指标，以便第一时间定量把握整个规划的方向、进展和结果

续表

名称	主要内容
第6期《科学技术基本计划》（2021—2025年）	本期基本计划提出，由于信息和通信技术的迅速发展，全球产业结构发生巨大变化，网络安全问题也日益凸显。此外，在国际上，各国普遍受到能源、资源、食品、环境等问题的制约，日本国内则面临着老龄化、地区经济不景气、国际科技竞争力下降、自然灾害威胁等风险。因此，本期基本计划延续了上一期倡导的"建设网络空间与物理空间高度融合的生态体系，平衡经济发展与解决社会问题"的理念，将Society5.0定义为"可持续、有弹性，能够确保人民的安全和保障，以及每个人都可以实现各种目标并幸福生活的社会"，进一步丰富了其具体内容，并提出针对性政策举措。此外，开展新型科技外交，也是本期基本计划的一个重要特点

2023年6月，日本政府发布了《2023年科学技术与创新综合战略》。在形势分析部分，2023年综合创新战略提出：一方面，当前世界各国对尖端技术的竞争更加激烈，大国的研发投入不断加大，国家之间科技竞争范围已扩大到包括人力资本在内的各类科研资源的获取和开发，新冠疫情对国际供应链的影响也促使各国开始思考产业链、供应链对他国过分依赖带来的风险；另一方面，日本的研究和创新能力的相对下降并未停止，无论是高引用论文数量还是获得博士学位的人数增长都经历了长时间的停滞，日本在国际研究界的影响力迅速下降。对此，日本提出了"新资本主义"的解决方案，即"通过公共部门和私营部门共同努力，解决社会问题，创造新市场并实现经济增长"。此外，日本于2022年12月制定了新的国家安全战略，将技术能力定位为与国家安全相关的综合国力的主要要素之一。综上，日本提出了2023年科技创新政策的三大基石：前沿科技战略推进、加强知识基础（研究能力）和人力资源开发、创新生态系统的形成，并提出了相应的支持举措。此外，与美国等国家类似，近年来，日本也将科技安全上升到国家安全范畴。2022年5月，日本国会通过了《通过综合实施经济措施促进安全保障法》，提出将建立"确保关键商品的稳定供应，确保基本基础设施服务的稳定提供，支持尖端关键技术的发展，通过非公开

专利保护敏感技术"四个系统,以应对经济安全领域需要立法关注的紧迫问题。

8.2.2 强调目标管理的顶层设计

在顶层规划方面,《科学技术创新基本法》是日本科技安全政策的根基。日本的法律体系由"宪法—基本法—法律"构成。基本法的作用主要是表明国家的政策理念和基本方针,并规定实行这些政策理念和基本方针应该采取的措施,相关行政部门根据基本法要求制定和发布具体的行政措施。《科学技术基本计划》(以下简称"基本计划")是日本政府根据《科学技术基本法》相关要求制定的五年期计划,致力于从长远的角度实施系统、连贯的科技政策,目前已制定了6期基本计划。对于短期政策调整,自2013年起,日本政府每年都会根据《科学技术基本计划》制定发布当年"科学技术与创新综合战略",并通过相关政策的优化调整,推动当期《科学技术基本计划》制定的计划按期完成。

在研究机构方面,正如前文所述,为了解除严格的行政管理制度对相关科研机构研发活动的不利影响,日本从20世纪90年代起,启动了对国立科研机构的独立行政法人化改制,赋予其独立的法律人格。此后,日本先后出台了《关于独立行政法人制度的大纲》《独立行政法人通则法》《独立行政法人通则法施行之法律整备法》《国立大学法人法》,各独立行政法人研究机构也有对应的法律依据,如《产业综合技术研究所法》等。

在研究内容管理方面,日本宪法中有"保障学问自由"的规定,所以这一领域的政策法规主要聚焦于研究手段和研究内容的规制方面,如关于人体克隆技术规制的法律、关于禁止化学武器及特定物质管制的法律等。

在成果转化方面,重视研发成果的应用是日本科技政策法规的一大特点。一方面，日本制定了以《知识产权基本法》为核心，以《专利法》《集成电路布图设计法》《半导体集成电路流程设计法》《不正当竞争防止法》等法律为主体的知识产权政策法律体系，强化研发成果管理和应用。另一方面，通过《大学等技术转移促进法》《产业活力再生特别措施法》《产业竞争力强化法》等政策法律的出台，促进研究机构、大学、企业等主体开展开发活动，加速科技成果转化。

8.3 打造开放合作、独立自主的工具方法

日本科技安全工具方法更加聚焦于本国产业发展需求，如高度重视科研人才的培养、知识产权的保护等，在国际竞争策略方面，日本与西方主要国家虽然在方向上总体相同，但在程度上并非完全保持一致，甚至在某些具体环节中还存在着竞争与对立。

8.3.1 强化基础研究推动创新发展

长期以来，日本认为科研资源是其科技安全的重大短板。一方面，长期的经济停滞使得政府难以投入较大的财政支出用于科研基础设施建设；另一方面，日本的科技发展是由应用侧拉动的，基础科研人才的积累不足。于是，针对这两大痛点，日本政府实施了各类推动创新发展的政策工具。

1. 支持科研基础设施建设

在大型科研基础设施建设方面。20 世纪下半叶以来，日本大型科研基

础设施建设主要集中在粒子与核物理、空间科学、核聚变和地球科学等领域。而自20世纪90年代以来，日本在生命科学、材料科学等领域也设立了相应国家项目，以支持建设大型科研基础设施，如"大型同步辐射装置（SPring-8）""X射线自由电子激光器（SACLA）""协同计算机（K）""高强度质子加速器设施（J-PARC）"等。然而，近年来，巨额的建设成本和运营成本给相关政府部门、机构和企业都带来了巨大负担，因此不少项目不得不面对预算削减或满足多元化使用需求的压力。为应对这一挑战，2010年，日本科学委员会制定了涵盖所有学术领域（包括人文社科领域）的《大型学术设施规划和大型研究规划》，遴选了43个重点项目，并由文部科学省制定了优先路线图，为其中10项提供了预算支持。2011年起，日本科学委员会每三年修订一次总体规划和优先路线图。

在促进科研设施设备共享方面。大学、独立行政机构、民间企业对于日本的科技创新具有举足轻重的作用，很多科研的基础设施都是由这些主体建设和运营的，但各主体之间并没有科学的基础设施共享机制。20世纪80年代以来，日本相继出台了《研究交流促进法》《特定高级大规模研究法》《研究开发能力强化法》《共享促进法》等法律文件，促进各类科研设施设备的共享使用。

在信息基础设施建设方面。日本在20世纪90年代后期开始大力推动信息基础设施建设。先后实施了"e-japan"、"u-japan"和"i-japan"战略，旨在加快信息基础设施建设、加速数字化设备利用、全面推动数据全社会流通之后，构建数字日本的大数据社会。在科研领域，日本国立信息学研究所建设了学术信息基础通信网络SINET（Science Information Network），以供日本各地大学和研究机构建设相应学术社区、推动科学信息的广泛传播。2022年4月，SINET已迭代到第6代，为日本大约1000所大学和研究机构提供400Gbps的网络连接。同时，SINET还与美国的Internet2和欧洲的GÉANT实现了网络互联，有效促进了国际研究合作。

> **专栏　日计划投 3000 万美元支持量子计算机应用共享**
>
> 日本理化学研究所于 2023 年 3 月 27 日启动了日本第一台"量子计算机",并通过网上云服务开放使用。此举推动了企业和大学使用量子计算机,为未来的产业应用储备技术知识,这也是日本自行开发的量子计算机首次投入使用。其作为计算基本单位和性能标准的"量子位"数量为 64 个,超过 IBM 的量子计算机(27 个量子位)。此次开发的量子计算机采用超导电路技术,通过冷却至极低温度来消除电阻进行计算。该量子计算机通过网络在云端开放,企业和大学可通过与理化学研究所签订共同研究合同来使用。
>
> 日本经济新闻 2023 年 4 月 14 日报道,日本政府将提供 42 亿日元的资金,以支持通过企业可用的云平台扩展共享量子计算。经济产业省将在未来五年内资助一个由东京大学牵头的量子计算集体,该集体由 17 家参与者组成,包括丰田汽车、三菱化学和瑞穗金融集团等。东京大学使用 IBM 量子计算机,其计算能力为 27 个量子位或量子比特。目前日本的云计算服务主要由外国公司提供,日本政府希望扩大日本在量子计算领域的云业务。2023 年 12 月,日本政府将云应用程序确定为对经济安全至关重要的 11 个领域之一。

2. 重视人才培育

为提高国家科研创新能力,日本政府一直高度重视科研人力资源培育工作。20 世纪 90 年代,面对日本年轻研究人员紧缺的情况,日本政府在第 1 期《科学技术基本计划》中,就提出了万名博士后支援计划,该计划目标已于 2015 年实现,此后每年博士后数量都保持在 1 万人以上水平。1997

年，日本实施了国家研究机构研究人员和大学教师的定期制度[1]，以期通过增加研究人员的流动性，振兴日本研究开发活动。此外，为了支持年轻研究人员的研究活动，还设立了各种研究资助计划，包括在科学研究补助金中为年轻研究人员创建新的研究类别等。

21世纪初，日本科研人力资源培育工作的重心放在了教育环境的改善方面，先后制定了"21世纪COE计划""全球COE计划""研究生院教育改革支援计划""博士生教育引领计划""超级全球大学创建支援项目""大学教育振兴加速计划(高中—大学连接改革推进项目)""优秀研究员计划""优秀研究生院计划""强化研究能力和支持青年研究人员综合措施计划""下一代研究者挑战性研究计划""面向科技创新的大学伙伴关系创设工程""科研管理员培育体系构建工程""研究型大学强化促进工程"等重要措施，以期通过对教育环境的改善，为接受新研究领域挑战的年轻研究人员提供稳定、独立地推进研究的环境以及新的职业道路，努力提高人力资源质量。

除了国内科研人力资源的培育，日本还积极引入国外高水平科研人员。2007年，日本实施了"世界顶级研究中心计划（WPI）"，希望通过政府的大力支持，吸引来自世界各地的顶尖研究人员，打造一个以高水平研究人员为核心的世界一流研究中心。2017年，制定了《关于加强研究中心研究能力的理想状态》，提出要紧贴国际科技最前沿，吸引国内外高水平的科研人员，积极打造作为国际研究网络枢纽的研究中心。此外，近年来日本国内信息通信技术工程师的短缺日益显著，经济产业省、文部科学省出台了"技术合作型新兴市场国家开发项目""留学生就业促进计划"等措施，吸引具备先进专业知识和技能的外国人留在日本，以填补日本研发和企业活

---

[1] 日本研究机构及高校从业人员由"终身雇佣制"向有选择性的任期制转变，如签订5年定期合同、10年定期合同等。

动中的资源缺口，同时为日本企业提供外部支持。

除此之外，青少年科学教育也是日本科研人力资源培育工作的重要组成部分。政府专门制作了《少儿科技白皮书》，旨在让青少年更容易了解科学技术。2002年，日本政府启动了"科技科普爱心计划"，该计划包括"超级科学高中（SSH）"和"科学合作伙伴计划（SPP）"等项目，致力于提高中小学阶段学生对科学和数学学科的兴趣，从而奠定青少年热爱科学和数学的基础。

3. 加大经费投入

在经费支持规模方面。第1期至第5期《科学技术基本计划》经费目标分别为17万亿日元、24万亿日元、25万亿日元、25万亿日元、26万亿日元，实际投入对应为17.8万亿日元、21.1万亿日元、21.7万亿日元、22.9万亿日元、26.1万亿日元，平均每期的实际投入约为21.92万亿日元，并且每期都保持增长态势。而第6期的《科学技术基本计划》经费目标为30万亿日元，较第1期的经费目标增加了76.5%。

在经费支持方式方面。日本政府实施二元化的经费资助体系，即包括运营交付金和竞争性资金两类资助经费。运营交付金是日本独立行政法人科研机构和国立大学最主要的经费来源，占日本政府每年科学技术支持资金总额的近90%。竞争性资金制度则是日本构建竞争性研发环境的重要手段，分为补助金和委托费两种模式。补助金由研究人员提出研究申请，经过审查遴选之后给予资金支持；委托费则由资金分配机构对规定的研究课题进行公开招标，对通过审查的中标研究人员给予资金支持。

在专项资金项目方面。日本政府针对科技研究的不同阶段，出台了专项资金支持政策，建设了涵盖从人文社会科学到自然科学的各个领域，支持各种学术研究从基础到应用的全方位发展。例如，针对解决具体问题的基础研究和高风险研究，日本学术振兴会（JSPS）和日本科学技术振兴机构（JST）提供了科学研究补助金（KAKENHI）等一系列竞争性资助计划。新能源产业技术综合开发机构（NEDO）和其他组织则对成果转化阶段特定产品提供资金支持。日本内阁府则推出了战略创新促进计划，旨在通过联合地方政府、产业及学术界，促进高新技术的发展，自动驾驶技术就是该计划支持的重点领域之一。

> 专栏　日本密集向半导体、汽车行业提供补贴以强化自主能力
>
> 2023年4月25日，日本政府宣布加强国内半导体生产的相关计划。根据计划，日本将向Rapidus公司提供额外的2600亿日元援助。Rapidus作为政府支持的芯片制造商，于2022年成立，旨在本世纪后半叶开始大规模生产2纳米半导体。Rapidus于2022年底宣布与IBM达成芯片技术许可协议。这次新一轮的援助将用于支持公司的研发业务。Rapidus将在北海道千岁市建造一条测试生产线，总承包商鹿岛计划于9月开始建设，并于2025年1月完工。据悉，Rapidus需要约5万亿日元的总投资才能开始量产，日本经济产业省打算继续向该公司提供支持。

8.3.2　扩大国际合作维护科技自立

随着国际科技竞争日益激烈，日本为了保持其在科技领域的相对领先地位，采取了多重举措。一方面，日本积极参与国际重大科研项目，开展科技外交；另一方面，日本实施知识产权战略，以期在数字时代抢占先机。

1. 建立多双边合作机制

20世纪90年代，随着研究设施和设备的规模不断扩大，建设和运营

成本也随之增加。与此同时，随着冷战的结束，国家间对科学技术的竞争意识进入低潮期，各国科学技术相关预算不断减少。在此背景下，大型研究项目越来越多地通过国际合作实施，这一阶段，日本积极参与了国际热核实验反应堆（ITER）、大型强子对撞机（LHC）、国际空间站（ISS）、国际深海综合钻探计划（IODP）等国际项目。

进入 21 世纪，立足于既有的国际科技合作基础，日本综合科学技术委员会成立了科技外交战略特别工作组，提出建立以实现国家利益、加强产业国际竞争力为导向的科技外交战略体系。2015 年，日本综合科学、技术和创新委员会（CSTI）下属综合政策特别委员会发布了《展望日本中长期科技创新政策》报告，提出了推进科技外交战略，一是要以解决全球性课题、促进可持续世界发展建设为目标，推动科技创新发展；二是要通过推动国际科技交流合作，充分利用国际研究资源，优化日本科技创新体制机制建设；三是要发挥比较优势，实现合作共赢。此后，日本政府通过积极参与全球治理实践创新、构建国际多边科技合作网络、推进高水平国际化人才培养等政策工具，统筹推进科技创新政策和外交政策有机融合。日本推进科技外交战略的主要政策工具如表 8-3 所示。

表 8-3 日本推进科技外交战略的主要政策工具

类型	领域	名称
参与全球治理	全球变暖	应对全球性课题国际科技合作事业（文部科学省）
		亚洲哨兵（文部科学省）
		地球环境卫星观测系统（环境省）
		气候变化影响评价伙伴关系推进事业（环境省）
		卫星洪水预测系统（国土交通省）
		水灾危机管理国际中心（国土交通省）等
	传染病防治	新型流感等新兴传染病研究事业（厚生劳动省）
		全球性保健问题推进研究事业（厚生劳动省）
		新兴传染病研究据点形成项目（文部科学省）等
	粮农问题	国际农业研究磋商小组（农林水产省）

续表

类　型	领　域	名　　称
搭建合作机制	与发达国家的科技合作	战略性国际科学技术合作推进事业（文部科学省）
		日美能源环境技术合作（经济产业省）
		水稻基因组机能解析联盟（农林水产省）等
	与发展中国家的科技合作	亚非科技合作战略推进事业（文部科学省）
		东亚科技创新区联合研究计划（日本学术振兴会）
		新兴传染病研究据点形成项目（文部科学省）
		卫星洪水预测系统（国土交通省）等
加强人才培养		外籍特别研究员（日本学术振兴会）
		外籍聘用研究员（日本学术振兴会）
		战略性环境领袖培养基地形成计划（文部科学省）
		国际农业研究领域青年研究者培养计划（农林水产省）
		非洲青年研究者能力提升计划（农林水产省）等

此外，日本还积极参与各类国际组织的科技交流活动。例如，2023年5月，七国集团（G7）科技部长会议在日本召开，会议的主题是"实现基于信任的开放和广阔的研究生态系统"，未来科技政策的方向是"尊重科学研究的自由和包容，促进开放科学研究"、"通过研究安全和诚信倡议促进可信的科学研究"以及"通过国际科技合作解决全球问题"。本次会议，还发布了七国集团科技部长公报，提出各方需要进一步努力提高对不当转让知识和技术以及外国干预研究和创新的风险的认识，并在必要时采取有效的缓解措施。

专栏　七国集团数字与技术部长会议提出建立AI国际标准

2023年4月30日，在日本群马县高崎市召开的七国集团（G7）数字与技术部长会议通过联合声明。声明提出，为妥善利用人工智能（AI），将力争制定"可信赖的AI"的国际技术标准，同时表示反对威胁到民主主义和人权的AI利用。针对被指存在各种弊端但用户数却迅速增长的生成式AI等新兴技术，各国将合作致力于其开发利用与管制。关于聊天软件 ChatGPT 等用于创作文章及绘画的生成式 AI，尽管可提高人们的工作效率，但也存在泄露个人信息和侵犯版权的风险。因此，各国将通过经济合作与发展组织（OECD）等国际机构来敦促制定技术标准。声明中还强调了有关 AI 的政策应基于民主主义价值观，并明确反对破坏民主主义价值、压制表达自由、威胁人权等行为的立场。关于如何对待新兴技术，声明中提出了"利用创新的机会""法治""适当的手续""民主主义""尊重人权"这 5 项原则。声明中还提及了基于可信的数据自由流通（DFFT）构想建立国际机制，该构想旨在促进跨国数据流通，以使各国企业更易于开展活动。

2. 规范知识产权保护

日本的知识产权政策与科技政策相互交叉，但不完全重叠。与科技政策体系类似，2002 年，日本内阁成立了由首相、相关部长和专家组成的知识产权战略委员会，制定了作为知识产权战略基础的《知识产权战略纲要》。2003 年，日本内阁通过了《知识产权基本法》，成立了知识产权战略总部，负责促进知识产权的创造、保护、运用以及相关人力资源开发，并每年发布日本《知识产权推进计划》。随着国际社会经济竞争的加强，2019 年，知识产权战略总部设立了愿景委员会，其主要职责是确定日本国家知识产权战略的中长期发展方向、具体的政策措施以及评估政策效果。愿景委员会确立了"价值设计型社会"的核心理念以及实现"社会 5.0"所需的数字创新，并制定了数字知识产权战略、地方知识产权战略、内容战略以及"社会 5.0"知识产权战略等。

2023 年，日本知识产权战略总部发布了《2023 年知识产权推广计划》（以下简称《计划》），提出要建设一个由多元化参与者构成的，能够在世界范围内最大限度地发挥知识产权效用价值的社会的愿景。《计划》首先分析了当前日本知识产权发展环境的四个基本认识，即日本急需制定能够带来国际竞争力和新价值创造的知识产权战略；通过开放式创新[1]创造可持续发展价值已经成为当前企业发展的重要趋势；生成式人工智能技术对知识产权带来巨大冲击；网络空间的数字内容对国民经济的重要性日益显著。基于以上认识，《计划》提出了十大措施，一是最大限度地增加大学研究成果的社会应用机会；二是利用与开放式创新相兼容的知识产权，让不同的参与者能够平等参与；三是构建适应生成式人工智能技术快速发展时代要求的知识产权体系；四是强化知识产权和无形资产投资利用促进机制；五是促进标准的战略运用；六是为实现数字社会改善数据流动和应用环境；七是完善数字时代的内容保护政策体系；八是加强中小企业/地区/农林渔业领域知识产权运用；九是强化支撑知识产权运用的制度体系和人力资源建设；十是全面实施"酷日本"战略（Cool Japan）。

其中，"酷日本"战略是日本政府应对日益加剧的全球经济竞争的一项重要战略，其主要思路是使得日本产品在高品质、高功能性等传统价值的基础上，附加"日本性"这一独特价值，即让国际消费者在最新科技、动漫、流行文化等内容中感受到日本独特的技术、理念和价值观，进而成为日本的"粉丝"，认为日本的产品很"酷"。因此，"酷日本"战略并不针对某个特定领域或行业，而是日本整体的品牌战略，其数字内容中的先进技术、外观设计、标志、音乐和视频的版权等都与知识产权密切相关。如果没有适当的知识产权保护，不仅会造成经济损失，还有可能引入低质量的内容，损害权利人的商业基础设施和内容本身的价值。因此，"酷日本"战略由日本知识产权战略总部制定发布，以期构建以知识产权制度为中心的

---

[1] 开放式创新是将企业传统封闭式的创新模式开放，引入外部的创新能力。在开放式创新模式下，企业在发展技术和产品时，也应该能够像使用内部研究能力一样借用外部研究能力，通过自身渠道和外部渠道共同拓展市场。

支持政策体系。

> **专栏　日本采取"不公开专利"措施以确保经济安全**
>
> 2023年6月，日本政府根据《经济安全保障推进法》，对"不公开专利"的共计25个技术领域以及电力、铁路等基础设施企业的指定标准作出了规定。不易被雷达发现的隐形性能和5倍于音速以上的超高音速飞行技术被列入不公开专利的对象范围。根据现行制度，原则上专利在申请1年半后会被公开。但《经济安全保障推进法》规定，如果通过国家审查并被认定为保全对象，专利将不予公开。上述制度方案指出，对于有可能对国家及国民安全造成损害的重大发明，以及在安全上极度敏感的发明指定为保全对象。方案具体列举了使飞机具有隐形性能的"伪装、隐蔽技术"和"与武器相关的无人机、自动控制技术"等15个领域。对于可用于超高音速飞行的"Scrum喷气发动机技术"和"固体燃料火箭发动机技术"等10个领域，考虑到对民营产业的影响，仅在出于防卫目的或受国家委托发明的情况下进行指定保全。

3. 打造韧性供应链

日本《通过综合实施经济措施促进安全保障法》将人民生存所必需的重要物品或被社会经济活动广泛依赖的重要物品指定为特定重要物品。2022年，日本内阁确定了11种特定重要物品：抗菌物质制剂、肥料、永磁体、机床和工业机器人、飞机零件、半导体、蓄电池、云程序、天然气、关键矿产和船舶零件。2024年，又将先进的电子元件（聚光镜和滤波发生器）指定为新的重要材料，并将铀添加到已指定的重要矿物的矿物类型中。一方面，日本国库制定发布了《供应保障促进便利化业务实施基本指南》和《供应保障促进便利化实施政策》，为相关企业提供长期、低息贷款支持。另一方面，《通过综合实施经济措施促进安全保障法》规定，为确保每种特定重要物品的稳定供应，总理大臣和特定重要物品负责人可以指定保障稳定供应的支持公司，例如，日本认定了化肥经济研究所作为保障肥料稳定供应的支持公司，并拨付了约160亿日元用于成立肥料原料储备对策事业基金。

> 专栏　日本住友商事将构建不依赖中国的稀土供应链
>
> 　　日经中文网2023年3月3日报道,日本住友商事将在用于纯电动汽车（EV）的稀土领域，构建不依赖中国的供应链。日本的冶炼提纯等工序一直以来依赖中国，但今后将改为在美国和东南亚完成这些工序。中国在稀土冶炼提纯方面掌握约9成的全球份额。日本对地缘政治风险的意识也在不断加强，在此背景下，因此不过度依赖中国供应链的构建正在加速。日本住友商事一直从美国稀土企业MP Materials（MP材料）采购用于纯电动汽车和风力发电机的永久磁铁所需的钕和镨。冶炼提纯工序此前一直由中国企业负责。住友商事向中国的冶炼提纯企业销售稀土，稀土经过冶炼提纯后由中国企业向日本出口，今后日本将逐步减少对中国企业的稀土销售量。住友商事希望今后由MP Materials负责此前由中国企业承担的冶炼提纯和稀土分离等工序，推进供应链的"去中国化"。近年来，日本相继出现了降低对中国供应链依存度的趋势、寻求将潜在的负面影响降至最低。安川电机计划于2027年在福冈县行桥市建设新工厂，用于生产家电逆变器零部件，实现自主生产。

8.3.3　重视网络安全规范风险治理

在规范风险治理方面，正如前文所述，日本将抢跑数字时代作为重构日本科技领先优势的重要战略，因此日本对于网络安全尤其重视。此外，近年来，日本学术不端事件屡屡发生，小保方晴子造假事件更是在全球范围引发了巨大轰动，因此科技伦理治理成为日本科技安全关注的重点领域之一。

1. 深化网络安全监管

近年来，日本国内也发生了多起网络攻击事件，攻击目标涵盖政府部门、教育机构、民营企业甚至医院等社会基础设施。为保障关键社会基础设施提供稳定服务，日本出台了一系列政策。2014年，日本发布了《网络安全基本法》，明确了网络安全的基本原则、政府责任、网络安全战略等内容。2015年，根据《网络安全基本法》，日本内阁成立了网络安全战略本部，秘书处设在内阁网络安全中心（NISC）。日本的网络安全自成体系，有其自己的基本法、内阁统筹机构、顶层战略与具体政策、执行机构等。但在数字时代，网络安全又与各个领域都密切相关，尤其是在科技安全领域。第一，日本科技政策特别支持科研资源、科研设施的数字化转型和网络共享，还建立了可实现国际网络互联的SINET，因此需要强化网络安全策略以应对更加多元化和大规模的网络攻击。第二，随着新一代信息技术的发展，数字化浪潮席卷全球，网络安全技术已经成为对国家安全有战略意义的前沿技术之一，"强化高级网络安全防御功能和分析能力"一直是日本内阁府经济安全关键技术开发计划（K-Program）支持的重要领域之一。第三，网络安全审查在国际产业竞争中扮演的角色也越发重要，日本《通过综合实施经济措施促进安全保障法》确定了12类关键基础设施，包括电力、石油、航空等领域，当这些领域相关企业采购重要设备（包括系统）时，日本政府将针对外国产品或系统加强审查和筛选，从而降低网络攻击的风险。

> **专栏　日本征召电信运营商对抗网络攻击**
>
> 《日经亚洲评论》2023年3月9日报道，日本政府计划允许电信运营商监控其系统中的网络攻击，以提升其网络安全保障能力。该计划预计最早将于2024年开始实施，为运营商向政府报告攻击事件铺平道路。日本当前面临越来越频繁和严重的袭击，因此人们普遍认为需要大幅升级其反制措施。鉴于网络攻击对生命财产造成的威胁，日本计划调整方向，让电信运营商在网络防御中发挥更重要的作用。根据新计划，政府将在收到运营商的情报后采取措施处理攻击源，以防止损害进一步蔓延。

2．强化科技伦理治理

近年来，随着科学技术的快速发展，与科学技术相关的伦理问题逐渐成为焦点。日本在第二期《科学技术基本计划》中就强调了科技伦理治理的必要性。日本当前的科技伦理治理体系以政府和科研机构为主导，以其下属专家委员会为依托，经过科学求证，制定全国纲要性文件和行业规范准则。

在生命科学领域，克隆技术、人类基因组分析等研究一直是科技伦理讨论的重点。一方面，日本政府出台相关法律，规范该领域科学研究活动。2000年，日本颁布了《与人类有关的克隆技术监管法》，禁止将克隆胚胎植入子宫。另一方面，日本在综合科学技术委员会下设生命伦理委员会，制定相关伦理规范和指南。也是2000年，该委员会发布了《人类基因组研究基本原则》，规定了遗传信息的保护和管理，以适当开展人类基因组研究。

在数字科学领域，人工智能伦理监管一直是日本政府关注的重点。2019年，日本综合科学技术委员会发布了《以人为本的人工智能社会原则》，提出了日本相关开发者和企业在开发和使用人工智能时必须遵循的七项原则。此外，该原则同时确定将在日本内阁人工智能战略实施委员会下，成立以人为本的人工智能社会原则会议,就人工智能技术的中长期研发和利用中应考虑的基本道德原则进行广泛的调查和审查。

在科研诚信领域,2006年,日本综合科学技术委员会、文部科学省、日本科学委员会先后发布了《对研究不端行为的适当反应》《对研究活动中的不端行为的反应指南》《科学家行为准则》等政策文件,作为科学家开展研究的指导方针和行为准则。然而,此后日本的学术不端行为依然屡禁不止,特别是2014年小保方晴子STAP细胞事件,受到了全世界高度关注。2015年,文部科学省要求各研究机构承担起对不当行为做出反应的责任,并成立了研究诚信促进办公室作为专门机构来调查这一情况,向存在缺陷的研究机构提供指导和建议,对于确实存在欺诈行为、制度不完善或调查拖延的机构,还将采取减少竞争性资助中的间接费用等处罚。由此,日本各类资助机构(如 JSPS、JST 等)、大学和公共研究机构都分别制定了科研诚信指南,并设立了主管部门,开展科研诚信相关工作。

3. 强化出口管制

日本作为巴黎统筹委员会的成员国之一,在进出口管制制度和措施等方面,与美欧等国有很多共同之处。日本出口管制法律体系由法律、内阁令、各主管部门颁布的省令,以及其他由行政部门在执法过程中以通知、通告、指南等形式发布的行政规则组成,主要包括《外汇与外贸法》《出口贸易管理令》《外汇令》《出口贸易管理条例》等。经济产业省是日本出口管制相关事务的主管部门。日本《出口贸易管理令》的附表列出了两组国家清单,第一类是出口白名单国家,包括美国、法国、德国等;第二类是联合国武器禁运国家和地区,包括阿富汗、中非、刚果、伊拉克、黎巴嫩、利比亚、朝鲜、索马里、南苏丹和苏丹。此外,自2002年起,日本经济产业省将被认为可能参与开发核武器或导弹等大规模杀伤性武器的海外企业和研究机构列入"最终用户清单",与美国原则上禁止向"实体清单"企业出口不同,日本对于"最终用户清单"原则上采取敦促谨慎态度。截至2023年12月,日本"最终用户清单"上共有15个国家和地区的706家实体。

> **专栏　日本施行尖端半导体出口限制**
>
> 2023年5月23日,日本经济产业省公布了外汇法法令修正案,把尖端半导体制造设备等23个品类列入出口管理限制对象名单。美国已严格限制对中国出口尖端半导体制造设备等,日本将与美国保持步调一致。日本一直按照外汇法,对可以转用到武器等军事用途的民用产品进行出口管理。出口需要提前得到经济产业省的批准。虽然修正后的外汇法并未把中国等特定国家和地区指定为限制对象,但追加的23个品类除向友好国等42个国家和地区出口外,均需要单独得到批准,事实上很难向中国等国家出口。23个品类包括极紫外(EUV)相关产品的制造设备,以及可立体堆叠存储元件的蚀刻设备等。按运算用逻辑半导体的性能来看,均属于制造电路线宽在14纳米以下的尖端产品所需设备。美国已严格限制向中国出口用于超级计算机和人工智能(AI)的尖端半导体的制造设备等,并一直要求拥有这些技术的日本和荷兰采取同样的措施。

【总结分析】

战后日本创造了科技发展史上的奇迹,在科技领域的国际竞争中,迅速抢占了领跑地位。但受制于特殊的政治生态,其科技发展受美国等西方国家影响较大。经过长期的经济发展停滞期后,日本在前沿技术竞争中逐渐式微,同时又面临着人口减少、老龄社会、核泄漏、前沿技术创新能力弱等现实问题。为了解决这些问题,日本不断调整和优化科技安全体系,以期在数字时代再度领跑。

相较于欧美国家,日本与中国在历史文化等方面存在更多的相近之处,其实践经验对我国发展具有重要参考借鉴意义。一是注重科技安全的顶层设计和政策延续性。日本构建了从长期到五年再到每年的顶层设计体系和高度集权的科技政策决策机制,结合科技安全形势,不断完善科技战略、规划、政策的目标管理机制和量化评价方法。确保发展方向稳定的同时,又能结合最新发展趋势或突发的重大事件进行政策调整。二是通过国际合作弥补资源短板。老龄化社会的加速,使日本基础科研的后备力量不足、创新创业活力减弱。日本政府大力引进科研人才、扩大国际科研合作、深化创新产学研模式,以期补齐日本科技资源不足的短板。三是聚焦数字社会构建安全体系。日本政府判断,人工智能、数字技术推动下的社会变革是日本重塑产业国际竞争力的重大机遇,也是事关日本经济安全的重大变化。因此,近年来日本出台的科技安全相关政策都有一个共同的政策目标,即通过政策支持,强化日本科技及相关产业在数字社会的国际竞争力。

第9章
韩国战略实践：跟随与创新

韩国一直在全球创新前沿保持着快速发展。韩国在 2023 年全球创新指数报告中排名全球第 10 位，其高等教育毕业生比例是经济合作与发展组织（Organization for Economic Co-operation and Development，OECD）国家中最高的。除人力资本外，2021 年，韩国国内研发总支出占 GDP 的比例达到 4.93%，位居全球第二。在人力资本和研发投入的有力驱动下，涌现出三星、海力士、LG、现代等世界知名的科技型集团企业。韩国始终把科技创新政策作为社会改革的核心内容之一。战后初期，韩国科技政策支持的重点在于鼓励企业及相关科研单位，引入西方发达国家具有产业化前景的技术成果，并进行消化、模仿和再创新，进而实现相关产业国际竞争力的赶超。但是韩国始终保持着科技安全的忧患意识，并没有在快速追赶的过程中形成路径依赖，及时将科技政策支持的重点从吸收模仿转向自主创新，从而在信息时代和数字时代激烈的国际竞争中成功抢占先机。

9.1　构建战略统筹、自主灵活的组织架构

韩国科技安全决策体系由顶层设计、协调规划、政策执行三层治理结构构成，以履行指导、协调和实施科技创新政策所需的基本职能。顶层设计层面由政府行政和立法部门构成，主要负责制定指导科技创新活动的战略框架。协调规划层面由相关部委等行政部门构成，主要负责根据战略框架制定相应政策法规。政策执行层则以代表各部委执行政策的公共研究机构或者管理机构构成。韩国与科技政策相关的组织机构如图 9-1 所示。

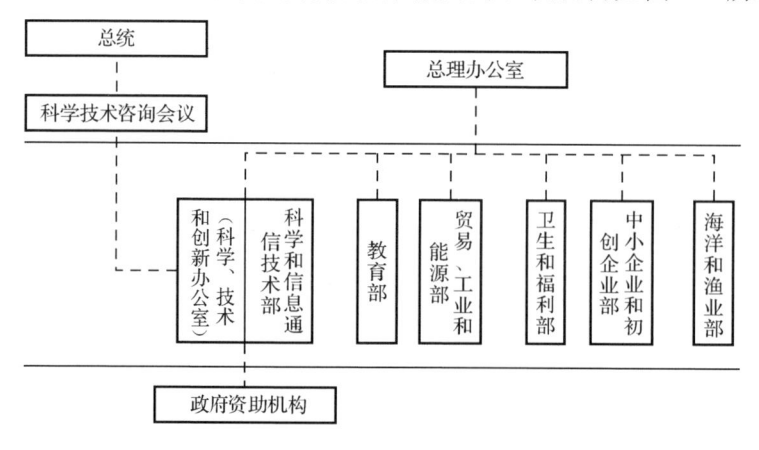

图 9-1　韩国与科技政策相关的组织机构

9.1.1　打造自上而下、统筹推进的决策机制

韩国国家层面的科学技术宏观管理开始于 1962 年，伴随着"第一次科学技术振兴五年计划"的发布，技术管理局正式成立。1967 年，韩国政府

在技术管理局的基础上，又成立了科学技术处。20 世纪 80 年代，韩国产业发展路径从出口导向型转为技术驱动型，在此背景下，韩国于 1982 年召开了科技振兴扩大会议，成立了科学技术委员会，负责科技政策的顶层设计和决策。1998 年，金融危机爆发，韩国政府将科技创新视为经济发展的重要驱动力，并开始酝酿国家科技体制的全面调整。1999 年，韩国将科学技术处升级为科学技术部，并在原有科学技术委员会的基础上建立国家科学技术委员会。该委员会秘书处设立在科学技术部、由总统担任委员长。2001 年，韩国政府颁布《科学技术基本法》，明确了科学技术部等相关部委和各级政府在科学技术领域的职责和分工，并成立了科学技术企划评价院，进行科技发展路径预测、影响和水平评价等工作。自此，韩国建立起了较为完整的现代科技管理体系和科技发展支撑体系。

此后，韩国经历了大规模的政府部门改革，科学技术部和国家科学技术委员会均经历了多次拆分和重组，尤其是国家科学技术委员会改为国家科学技术审议会后，总统不再担任委员长，改由总理担任。直至 2017 年，韩国政府组建成立了科学技术信息通信部（MSIT）。2018 年，韩国政府又将科学技术审议会职能与科学技术咨询会议职能进行合并，成立了新的国家科学技术咨询会议（PACST），由总统担任议长，负责韩国科学技术政策建议、制定、审议和执行工作。

9.1.2　形成集中审议、分工管理的合作模式

韩国的科学技术宏观管理涉及多个部委，具体包括科学技术信息通信部，教育部，贸易、工业和能源部，卫生和福利部，中小企业和初创企业部，海洋和渔业部等。其中科学技术信息通信部是韩国科技安全政策的牵头部委，设有科学、技术和创新办公室。韩国政府赋予该办公室领导制定

方向、协调计划和预算、监督和评估政策实施的关键流程等三大职能，以便其支撑科学技术信息通信部履行在整个政府结构中的横向协调职能。根据规定，每个部委都要定期向科学技术信息通信部内的科学、技术和创新办公室提交中期行动计划，概述未来五年将实施的和正在进行的科技政策计划和活动。科学技术信息通信部的任务是审查这些中期计划，特别是检查它们是否与国家科技总体战略保持一致，并且不与其他部委的计划重叠。每年，各部门和机构还向科技创新办公室提交本部门在执行国家科技总体战略时的主要做法和成果。科学、技术和创新办公室将这些报告纳入年度实施计划，提交给国家科学技术咨询会议审议委员会审查。在审查过程结束时，科学技术信息通信部会提出一份建议清单，为相关部委年度计划的修改提供建议。此外，贸易、工业和能源部是韩国主要负责产业政策的部委。因此，与许多国家一样，科学技术信息通信部与贸易、工业和能源部在某种程度上共享创新政策。

9.1.3 建设政府资助、自主运营的科研机构

公共科研机构是韩国科学技术宏观管理的重要组成部分，主要任务是针对国家战略产业技术需求开展专题研究。20世纪90年代，随着国家科技体制改革，韩国公共科研机构体系也进行了大幅调整。一方面，将一部分由各级政府建设和运营的国立研究机构转为政府资助机构，政府保持控股，并负责无偿提供建设费、设备费等非经常性开支，且机构负责人由政府任命改为公开招聘。另一方面，设立了基础技术、产业技术、人文社会技术、经济社会技术、公共技术等五个研究会来统一管理这些政府资助研究机构。2008年，经过进一步重组合并，形成了经济人文社会科学研究会、基础技术研究会和产业技术研究会等三个研究会，其理事长均由总统直接

任命。通过公共科研机构改革,政府资助研究机构的决策权、执行权和监督权实现了分离,形成了联合理事会决策、监事监督、机构一把手负责的体制。改革后,既保持了政府对研发活动的主导作用,又增加了机构的自主性和灵活性,显著提升了研发活力。韩国的代表性政府资助机构包括韩国科学技术研究院(Korea Institute of Science and Technology,KIST)、韩国电子通信研究院(Electronics and Telecommunications Research Institute,ETRI)、韩国科学技术计划评价院(Science and Technology Policy Institute,STEPI)等。其中 KIST 负责制定科学技术发展战略、促进技术传播和应用;ETRI 负责研究、开发和推广信息、通信、电子、广播及融合技术领域的工业核心技术;STEPI 则致力于技术预测、科技水平调查研究和评估。

9.2 优化目标统一、分层分类的政策体系

伴随着经济发展战略的调整,韩国科技安全政策体系经历了技术引进期、能力建设期以及创新发展期三个阶段,初步形成了以《科学技术基本法》为主干、以各领域各层级执行政策为补充的政策体系。

9.2.1 满足发展战略变化的演进路径

第一阶段是技术引进期(20 世纪 60 年代至 70 年代)。这一时期,韩国的科技安全政策聚焦于科技自立,目标是通过加强科技人才培养和科研基础设施建设,强化消化和模仿国外先进技术的能力,快速帮助部分行业形成国际竞争力。1962 年,韩国在其发布的第一个"五年经济发展计划"

中明确了建设出口导向型工业国家的发展目标,并提出要大力发展钢铁、机械装备、造船、电子、石油化工等战略产业。1977年,韩国政府建立了韩国科学基金会,持续加大对基础科学研究活动的经费支持力度。

第二阶段是能力建设期(20世纪80年代至90年代)。这一时期,韩国政府聚焦科技安全的创新发展,以全方面强化本国科技创新能力为目标,提出了"振兴科技""科技立国"指导方针,并制定了一系列政策支持措施。在政府的大力支持和引导下,韩国民间企业的科技研发投入快速增长,并超过了政府投入总额。20世纪90年代,韩国政府开始全力推进产学研合作,以期引导国内科研机构和企业强化自主研发能力,推动产业结构由劳动密集型向技术密集型转变。在这一时期,韩国政府还启动了第一个国家中长期研究计划"国家高精尖计划",为此后韩国半导体、信息技术、汽车等产业的腾飞奠定了扎实的基础。

第三阶段是创新发展期(2001年至今)。这一时期,国际环境不断变化,各国都将科技安全作为国家安全的重要部分顶层推进。面对不断扩大的领域范围和日益复杂的协调问题,韩国政府以构建"自上而下"的科技安全体制为目标,进行了大幅的政策体系调整。2001年韩国颁布了《科学技术基本法》,这标志着韩国科技法规体系建设的重要进展,为全国科技创新资源统筹提供了法律依据。此后,该法经过多次修订,并得到了各部门出台的大量法令、法规和计划等补充,韩国科技安全政策体系得以不断完善。根据《科学技术基本法》的规定,韩国科学技术信息通信部每五年都需制订一期《科学技术基本计划》,修订科学技术的中长期发展方向、目标和政策,并交由PACST审议。2022年12月14日,PACST审议通过了《第五期科学技术基本计划(2023—2027)》,提出未来五年,韩国在科学技术方面将实施三大战略:完善科学技术体系,实现高质量提升;提升创新主体能力,建立开放型生态;以科技支撑解决悬而未决的国家问题与未来方案。值得注意的是,第三个战略由碳中和、数字化转型、医疗与福利、灾害与危机、供应链与资源、国防与安保、航天与海洋等方面构成，其中不少方面都与国家安全息息相关。

9.2.2 提供综合立体的法律法规保障

在顶层设计方面。20世纪60年代初，韩国的科技政策主要聚焦于支持国内企业开展技术引进、消化吸收和再创新。韩国政府分别于1960年和1967年，出台了《技术引进促进法》和《科学技术振兴法》。2001年，韩国颁布了其科技领域的根本大法《科学技术基本法》，对其科技政策、管理体制、研究开发计划调查、技术预测与评价、基础设施、生态建设等方面进行了明确规定。此外，根据《科学技术基本法》的规定，当相关部门制定或修订其他科学技术相关法律时，应符合其宗旨及基本理念。

在政策执行方面。为全面推进科技创新各项工作的开展，韩国各政府部门在成果应用、人才培养、资源保障等方面出台了各类法律法规。如促进基础科学研究的《基础科学研究振兴法》、指导地方科技发展的《地方科学技术振兴综合计划》、优化政府科技管理部门架构的《政府组织机构法》、规范科研伦理管理的《生命伦理与安全法》，以及鼓励国际科技合作的《国际科学技术合作规定》等。

9.3 打造开放共享、规范治理的工具方法

在规范风险治理方面，韩国具有世界领先的网络基础设施建设水平，因此其面临的网络安全风险也相对较大。此外，21世纪初，韩国科学家"克

隆人类胚胎干细胞"研究造假事件，也将以生命科学为代表的科技伦理治理问题放在了全社会的聚光灯下。

9.3.1 加大政府投入推动创新发展

近年来，韩国政府在科研基础设施建设、科研人才培养等方面一直保持着较大的资金支持力度，以维持本国的科研创新能力。此外，韩国政府还通过一系列的项目资金支持，引导本国未来产业发展。

1. 支持科研基础设施建设

韩国在建立科研基础设施和设备方面投入了大量资源，并设计了领先科技和创意经济两条路线图，以提供长期的战略指导和政策支持。此外，韩国政府还高度重视科研基础设施和设备的共享。例如，2004年发布的《合作研究开发促进法》就规定了政府资助的大学或研究机构，在对本机构业务没有影响的前提下，应该允许其他单位使用其研发设施和器材，并可收取相应的费用。韩国政府还会委托有关单位对此类研发设施和器材的共享情况进行考核和评估，并根据结果调整相应的政府支持资金规模。

以韩国基础科学支援研究院（KBSI）为例，该研究院成立于1988年，由政府资助，通过提供国家级的重大科研仪器设施和设备，来支持科研活动并开展联合研究。韩国具有尖端仪器共享会员资格的科研人员均可以使用KBSI提供的专业化研究仪器设施服务。此外，韩国科学技术信息研究院（KISTI）作为韩国科技信息领域的专业研究和服务机构，负责综合收集、分析、管理科技及其相关产业的信息，以及调研有关信息管理及流通的技术、政策、标准化等。在国家基础设施方面，KISTI承担着科技信息流动体系建设、超级计算基地建设及运营、国家超高速研究网建设及运营等任务。KISTI 下设的超级计算中心（KSC）是韩国最大的超级计算资源和高性能网络的提供方。该中心致力于研究开发高性能计算和网络高端技术，同时也向大学、企业、研究院所、政府部门等各种相关科研机构提供支持和服务。

2．支持人才培育

在人才培养方面，韩国政府在宏观引导方面发挥了重要作用。韩国政府会定期开展人才需求调查和预测，并将其结果反映到国家的人才培养计划和政策中，重点培养、使用当前和未来所需的高端人才，促进科技人才结构的提升，避免在人才培养方面出现浪费现象。根据人才预测结果，韩国政府会制定相应的支持政策。2001 年，韩国政府公布了《国家战略领域人才培养综合计划》，宣布将在未来 4 年内培养 6 个战略领域的 40 万名优秀人才，以提高国家的科技竞争力。2009 年，韩国绿色增长委员会、教育科学技术部、劳动部共同制定了"创造绿色工作岗位和人才培养方案"，以促进绿色经济发展和创造绿色工作岗位的良性循环。该计划在建设创造绿色工作岗位的基础设施、开发绿色职业能力、培养核心绿色人才等 3 个领域选定了 12 个政策课题，并予以全面推进。2021 年，韩国国家科学技术咨询会议审议了由科学技术信息通信部等相关部门共同制定的《第 4 次科学技术人才培养支持基本计划（草案）（2021—2025 年）》，提出通过培养具有扎实基础的未来人才、营造青年研究人员等核心人才的成长环境、夯实科技人员的持续活跃基础、增强人才生态系统的开放性和能动性等战略的实施，实现科技人才强国的目标。

在人才引进方面，为了满足经济发展对高级人才的需求，韩国在培养自身技术人员、增派留学生和科研人员出国深造的同时，还注重大力引进外国科技人才，并积极吸引国外硕士、博士生来韩学习。政府给予一定的资助，利用外国科技人才的"头脑资源"，加强韩国的科技研发力量，在韩国研究基础薄弱、专门人才短缺的战略技术领域充分利用全球的科技人力资源。韩国科技界也普遍认为，引进高水平的国外学者，对研究风气的破旧立新和世界一流研究机构的建设至关重要，也有助于提升韩国的未来新成长动力和研究成果质量水平。因此，韩国制订并实施了一批国际人才引进专项计划，如"头脑韩国21工程""全球奖学金计划""世界一流大学计划""世界一流研究中心计划"等。

3. 加大经费投入

如前所述，韩国政府一直高度重视科技研发，为确保国家未来发展的动力，近年来，韩国持续扩大了国家研究开发投资，韩国政府的研发投入已从1963年的12亿韩元增至2023年的31.1万亿韩元。在政府主导型的科技发展模式下，韩国通过加大研发投入力度、刺激企业创新、加大对创新成果和知识产权的保护力度、提高企业技术研发的水平和效率，开展了适应国际市场化竞争要求的企业改革，并积极培养新的经济增长点，进而为韩国的经济发展奠定了良好基础。

2023年3月，为提高国家研发投入的可预测性、战略性、及时性和有效性，韩国科学技术信息通信部在国务会议上发布了《第一次国家研发中长期投资战略（2023—2027年）》。该战略以"2030年跻身全球五大科技强国"为愿景，以忠实履行主要国政课题、创造成果为政策目标，计划在五年内投资170万亿韩元用于研发，占政府总支出的5%。并预期到2027年，将韩国目前高出最高技术先进国约80%的技术水平提高到85%。

专栏　韩国拟投入近170亿元建设量子经济强国
韩联社2023年6月27日报道，为了实现到2035年发展成全球量子经济核心国家的目标，韩国政府和民间部门决定携手投资3万亿韩元，

并将量子科学骨干人才增至目前的 7 倍。韩国科学技术信息通信部长官李宗昊 27 日在首尔东大门设计广场发布了包括上述内容的"大韩民国量子科学技术战略"。这是政府首次发布量子科技中长期发展愿景及综合发展战略。具体来看，政府将自主研发量子计算机、量子城域网和量子传感器等相关产品和服务，力争到 2035 年将量子技术水平提高到领先国家的 85%水平。政府争取到 2035 年将量子产业全球市占率提升至 10%，培育约 1200 家相关企业。为此，政府将从 2023 年至 2035 年投入 2.4 万亿韩元，民间领域则到 2027 年投入 6000 亿韩元。为了追赶量子技术领先国家，政府将按照技术路线图推进任务导向型研究项目，与民间企业联合研发量子计算机及通信相关技术。政府还将在高校增开相关专业及研究生院，将专业人才规模从目前的 384 人增至 2035 年的 2500 人左右，并为初创企业提供政策融资等各种扶持，到 2035 年培育 100 家量子初创企业。

9.3.2　强化保护机制维护科技自立

在维护科技自立方面，韩国政府一方面积极参与国际合作，在海外建设联合研究中心，以弥补本国可利用科研资源不足的缺陷；另一方面强化知识产权服务，为本国产业参与国际竞争保驾护航。

1.建立多双边合作机制

为了弥补本国可利用研发资源不足的缺陷，充分利用国际化的开放创新环境、建立国际研发网络、利用全球资源为韩国服务的观念已经深入韩国决策者的心中。随着 WTO 体制的形成与发展，发达国家对知识产权的保护日益加强，发展中国家直接或间接从发达国家引进先进技术将变得越来越困难。针对当前国际科技合作的新动向和新特点，韩国提出了向尖端技术发源地进军的科学技术国际化战略，即扩大建立海外联合研究中心，及早拥有自己的先进技术；建立海外科技信息的收集、分析、流通、利用体系；根据每一个地区、国家的特点，制订各具特色的联合研究计划。2001年，韩国专门成立韩国科技信息研究院，旨在加强对海外科技信息的搜集、分析与利用。

作为一个新兴工业化国家，韩国希望在世界科技合作中扮演更加积极的角色。为此，韩国积极寻求双边和多边的科技合作。韩国的双边合作主要基于政府间的科技合作协议，通过国际合作研究项目来实施。尽管美国、日本和欧洲国家是韩国的老牌合作伙伴，但近年来，韩国与东欧国家的双边合作也有所增加。自2004年起，韩国更加重视与东北亚国家的国际科技合作，提出了"东北亚研发中心"的构想，积极引进海外优秀的科学技术研究机构，建立东北亚科学技术体系，并努力扩大与中国、朝鲜等国的合作。2008年，李明博政府开始执政以后，大力推行"资源外交"政策，并提出"新亚洲外交构想"，以期将韩国在亚洲地区的地位和作用升级至"主导国家"级别。在科技外交方面，韩国持续开展对外科技援助，使韩国对国际社会的贡献不断增加。2009年，由科学技术信息通信部（MSIT）资助并由国家研究基金会（NRF）运营的国际科技合作计划启动，其目标是通过支持韩国大学与外国大学的合作吸引海外优秀科研机构，促进全球研发合作，以及通过以科技为重点的海外发展援助项目支持发展中国家等方式加强科学、技术和创新国际合作。除了在国内开展项目资助，韩国政府还积极在海外为韩国企业提供项目支持。MSIT在硅谷、华盛顿特区、柏林和北京运营韩国创新中心（KIC），为韩国初创企业提供逐步加速计划。此外，印韩研究与创新中心（IKCRI）于2020年成立，致力于数字化转型、未来制造业、未来公用事业和医疗保健等领域。在欧洲、亚洲和美国建立了八个"K-创业中心"，作为初创企业的全球化支持平台。

> **专栏　欧韩领导人商定加强数字、绿色、卫生等领域合作**
>
> 2023年5月，欧洲理事会主席夏尔·米歇尔在和韩国总统尹锡烈于首尔会晤后，双方发表联合声明，商定加强在绿色、卫生、数字三大领域的合作。欧韩领导人签署"欧盟与韩国绿色伙伴关系协议"，商定深化在气候行动、环保、能源转型等气候与环境领域的全面合作。欧韩还签署"欧盟与韩国卫生应急合作协议"，商定共同开展医疗应急相关研发项目，加强跨境卫生应急合作，在疫苗生产与接种方面合力援助第三国。双方决定，作为2022年11月签订的"欧盟与韩国数字伙伴关系协议"的跟进措施，将举行数字伙伴关系会议。欧韩还商定新设"欧盟与韩国外长战略对话会"，加强欧韩全面安全合作。此外，双方就将现有的产业政策对话会（IPD）扩编为供应链与产业政策对话会（SCIPD）并在年内举行首次会议达成一致。双方重申欧韩各自的印太战略愿景和核心关切有着契合点，并商定将共同探讨与此相关的合作项目。

2. 规范知识产权保护

韩国一直高度重视知识产权保护工作，认为完善的知识产权保护体系是创新型经济发展的重要前提。自20世纪40年代后期以来，韩国就逐步建立了专利法、商标法、著作权法等一系列知识产权保护法律。2008年，面对越来越激烈的国际产业竞争，韩国政府出台了《知识产权强国实现战略》，并于2011年通过了《知识产权基本法》，提出要从知识产权创造、运用和保护三个方面全面推动知识产权强国建设。

在国内知识产权保护方面，韩国政府建立了从国家到地方再到协会（韩国知识产权保护协会）的三级管理机构，并与海关、法院、警察部门等机构等紧密配合，定期在全国范围内开展知识产权保护行动。在涉外知识产权工作方面，韩国政府一方面牵头建立了涉外专利纠纷应对体系，并对出海的韩国企业提供"一站式"知识产权援助服务；另一方面积极鼓励相关主体提供知识产权诉讼保险服务，并提供援助部分的保险费用。

> **专栏　韩国发布半导体专利优先审查全方位支持措施**
>
> 2022年7月24日，韩国知识产权局（KIPO）发布新闻称，为了支撑作为国家安保资产和韩国经济支柱的半导体产业，KIPO将全力确保半导体产业核心专利的安全。KIPO计划从三方面采取积极措施缩小韩国与其他国家在半导体领域的差距，具体如下。
>
> 1．实施半导体专利优先审查，以支持韩国企业快速获得相关专利。
>
> 2．加强半导体领域核心人员管理，利用半导体专利发明人的信息，通过分析各领域核心人员和发明人的平均年龄的变化等，提出未来人才培养的优先领域。
>
> 3．通过分析与韩国竞争的全球半导体企业的专利大数据，预测未来技术发展方向，提出韩国应该抢占的研究开发领域等，为韩国制定半导体产业战略提供帮助。

9.3.3　统筹发展安全规范风险治理

近年来，韩国在科技安全的风险治理方面也面临着较大压力，例如高水平的互联网应用所带来的网络攻击风险、频发的学术不端行为和科学伦理事件，以及关键领域贸易摩擦和技术打压风险等。

1．深化网络安全监管

韩国的互联网基础设施建设和应用水平较高，其成年人互联网普及率和宽带速率等指标一直在世界上处于领先地位。21世纪以来，国际上针对重点基础设施、重点企业的网络攻击频发，网络安全形势日益严峻，尤其是随着人工智能技术的发展和网络攻击技术的迭代，韩国网络安全面临着巨大压力。在此背景下，韩国出台了国家层面的网络安全战略，并鼓励相关企业和机构积极研发网络安全相关技术和产品，以不断完善网络安全保护体系。

在国内网络空间的数据监管工作方面，韩国采取政府和寡头企业联合主导型策略，如韩国政府通过韩国广播通信委员会（KCC）授权移动网络运营商和信用卡公司，使其代表私营部门与政府共同参与国内网络用户的实名认证工作。在应对境外网络袭击与提升国内数据安全韧性方面，韩国政府将网络安全相关事宜交由总统负责的国家安全委员会统一协调统筹，并于2019年出台了韩国首份《国家网络安全战略》及其具体实施方案《国家网络安全基本规划》，试图通过长期战略规划的设计彻底扭转之前国家网络安全"事故—应对"型被动模式。在数字经济与贸易治理领域，韩国积极在与各国双边自由贸易谈判中加入数据跨境流动和数据本土化规则的讨论，以平衡数据的本土化和国际化政策。

专栏　韩美首次实施"网络同盟"演习
2024年1月，韩美两国网络作战司令部在韩方网络作战司令部训练场首次实施"网络同盟"演习。国防部介绍，两国参演人员借演习熟练掌握迅速共享网络安全威胁信息、联合应对威胁等流程。韩美网络作战司令部商定，除演习外，双方今后将就专业人才培养、技术交流等方面深化合作，不断加强网络作战力量。韩美防长曾在2022年11月的第54次韩美安保会议上就实施网络同盟演习达成一致，以提升共同应对网络威胁的能力。

2. 强化科技伦理治理

2004年和2005年,前"韩国最高科学家"黄禹锡先后在《科学》杂志发表论文,宣布成功克隆人类胚胎干细胞和患者匹配型干细胞,在全球引起了巨大反响。然而,2005年,黄禹锡受到造假指控,并在四年后,被起诉涉嫌侵吞经费、违反伦理、通过非道德手段获得人类卵子等问题。该事件引发了韩国全国对科技伦理的重视,科技界也对科技治理体系进行了集体反思。2007年,韩国教育部、科学技术信息通信部先后发布了《科研伦理保障准则》《科研伦理保障准则指南》等政策文件,明确了科研不端行为的界定范围,并在实践中不断更新,以确保适应科技的快速发展和变化。

除了科技界,由于黄禹锡的研究将克隆技术应用到了人类范畴,这同样引起了社会各界对生命科学技术进步给生命伦理带来的不确定性的担忧。2005年,韩国正式实施《生命伦理安全法》,并成立了全国生命伦理审议委员会,要求韩国每个科研机构和大学都成立生物研究和生物技术相关的研究所,对遗传学、干细胞和胚胎的相关研究进行管理。除了生命科学领域,韩国社会各界对人工智能技术可能造成的科技伦理问题也高度重视。2020年,韩国发布了"国家人工智能伦理标准",提出在开发和运用人工智能的过程中,需遵守维护人的尊严、社会公益和技术合乎目的三大原则。

3. 进出口管制

韩国没有针对出口管制专门立法,而是主要依据韩国《对外贸易法》及《〈对外贸易法〉执行令》对两用物项出口管制进行规范。《对外贸易法》是韩国出口管制的基本法,该法是战略物资进出口通则,对一般工业品、技术、软件等战略物资的进出口进行管理,规定了出口许可证的颁发及许可程序。《〈对外贸易法〉执行令》则进一步细化了《对外贸易法》中的规定。此外，《核安全法》《禁止制造、出口和进口特定化学品和化学制剂法》《国防采购计划法》也涉及两用物项出口管制。《国防采购计划法》对国防物资中的重大国防战略物资贸易进行管理。《核安全法》对核产品进出口进行管理。《禁止制造、出口和进口特定化学品和化学制剂法》履行《禁止化学武器公约》和《禁止生物武器公约》下的管控义务。目前，韩国已加入所有多边防扩散机制，包括核供应国集团（NSG）、导弹及其控制机制（MTCR）、澳大利亚集团（AG）和瓦森纳安排（WA）。与此同时，韩国还签署了《不扩散核武器条约》《化学武器公约》《生物和毒素武器公约》《全面禁止核试验公约》等国际条约，这些也成为韩国两用物项出口管制国内法的依据。

韩国没有建立统一的出口管制机构，而是由各主管部门分别负责。其中，韩国两用物项的出口许可机构是贸易、工业和能源部；核产品的出口许可机构是核安全委员会；军品的出口许可机构是国防采办项目管理局；统一部负责向朝鲜的出口管制工作；外交部负责与战略物项的进出口管制有关的外交和国际规范事务；科学技术信息通信部负责与战略物项、信息通信有关的技术和物项的进出口管制工作。为了协调各主管部门的出口管制工作，韩国设立了跨部门协调机构"战略物项进出口管制理事会"。该理事会由上述主管机构的负责人组成，主要通过磋商方式对各部门的工作进行协调和沟通。理事会可以要求情报部门或者海关进行调查或提供协助。

韩国制定了战略物资清单，并列在《战略物资进出口通知》附件中，包括核供应国集团触发清单中仅用于核用途的物项、国际出口管制多边机制和两项国际条约规定的物项、为确保韩国政府稳定供应高质量武器而需要控制出口的物项等，以上物项会经常更新；修订工作将通过贸易、工业和能源部长官与相关行政机构负责人协商后发布通知。同时，韩国将《对外贸易法》纳入了全面管制原则。该法规定，如果拟出口管制清单以外但极有可能用于生产、发展、使用或储藏大规模杀伤性武器及其运载工具的物项，出口商应当向相关行政机关申请许可证（"特定情形许可证"）。此外，在全球产业链正在重组的情况下，韩国政府指出，包括半导体在内的电气电子、显示器等相关核心技术正在不断流失。为防止产业技术的不当泄露、保护产业技术，强化国内产业的竞争力，韩国制定了《防止产业技术外流及保护产业技术法》。该法律规定，韩国政府有权指定关系国家安全和国家重大利益的核心技术。韩国企业在向国外出售或转让相关的核心技术时，须事先得到政府有关部门的许可或提前向政府有关部门申报。韩国贸易产业与能源部基于《防止产业技术外流及保护产业技术法》定期修订并公布《关于指定国家核心技术的公告》。截至目前，该公告明确将半导体等 13 个领域中的 75 种技术指定为国家核心技术。

专栏　中国电池及材料面临韩国出口侵权调查

韩国产业通商资源部在中央政府世宗办公楼召开第 444 次贸易委员会会议，决定对内置中国产二次电池的智能手机和中国产 NCM811（即正极材料中镍钴锰的含量比例为 8∶1∶1 的三元锂电池）的正极材料是否侵犯专利权进行调查。具体来看，半导体能源研究所针对在华制造并供应智能手机的一家中国企业和进口、销售智能手机的一家韩国企业提出了上述"智能手机二次电池"的专利侵权调查申请。LG 化学则提交了关于"NCM811 正极材料"的调查申请，调查对象包括三家中国制造商和一家韩国进口商。此外，贸易委员会现已针对中国产聚对苯二甲酸乙二醇酯（PET）展开反倾销调查。韩国化工企业 TK 化学于 2023 年 11 月以中国产 PET 树脂出口倾销导致韩国相关产业损失为由，向贸易委递交反倾销调查申请。贸易委员会计划对上述两起侵犯专利权调查申请和一起反倾销调查申请进行书面和现场调查，以进一步研判是否存在侵权和倾销情况。

【总结分析】

韩国作为后发的亚洲国家，紧抓国际产业转移机遇，通过科技管理体制改革，快速形成科技人才资源等比较优势，推动技术发展是其快速进入发达国家行列的关键密码。韩国高度重视科技安全，从国家发展战略到行业技术创新，再到专业领域人才缺口，政府都进行了深入研究和研判，并有针对性地出台相应的规划与政策，以保证其在世界科技前沿的领先优势。

统筹发展和安全，是韩国科技安全体系的重要特点，其实践经验对各国发展都具有重要参考借鉴意义。一是将科技创新体制改革作为国家经济发展的重要基础。韩国的科技政策大多数都是在促进产业发展这一目标的基础上制定的，根据产业发展需求出台相应的支持激励政策，并通过进出口限制等手段予以保护，以保证韩国企业在关键领域的国际竞争力。二是高度重视科研人才的培养。韩国将科研人才培养作为推动科学技术发展的关键因素。特别是韩国会根据科技发展战略需求，结合本国科研人才和教育水平实际，定期从规模、结构、专业、层次等方面，对人才需求和缺口进行测算，并及时运用政策工具进行调整。三是将知识产权保护视为科技安全的重要手段。虽然韩国科技发展以技术引进、消化和模仿起步，并在战后取得了可观的发展成绩。但韩国政府并没有形成路径依赖，在相关企业和机构形成了基本的科研能力之后，就在全社会大力推进自主创新能力建设。同时，韩国结合其技术引进的经验，通过政府购买、税收优惠、产融对接等手段，积极引导本国企业和科研机构重视知识产权保护。

展望篇

当前,百年未有之大变局加速演变,新一轮科技革命和产业变革深入发展,变乱错综交织,世界进入新的动荡变革期。然而,发展仍是全球的主旋律,处于国际议程的中心位置。科技安全作为国家安全的重要组成部分,是支撑保障国家安全的物质技术基础和逻辑起点,其内涵特征、要素体系处于动态演进之中。新时代赋予科技安全新的使命,在支撑维护国家安全中发挥着更加突出的作用。既要瞄准重大战略需求领域和前沿领域,强化自主创新,加快关键核心技术联合攻关,提升科技自身安全和科技实力;又要强化科技应用,支撑保障高质量发展和高水平安全。与此同时,技术交叉融合应用等给科技安全带来新风险挑战,如技术风险、治理风险、伦理风险等,需要不断完善科技安全体系,强化科技安全治理,促使与创新体系和合共生,支撑维护国家安全和经济社会持续发展。

第 10 章
大变局下科技安全发展展望

世界变乱交织、科技革命与产业变革加快、产业分工与格局深度调整，科技安全成为重塑国际格局的重要因素，其战略能力关系着国家经济社会高质量发展，也关系着国家安全和军事斗争主动。未来，科技竞争仍是大国竞争和大国博弈的焦点，科技安全政策工具将呈现多样化、协同化、集成化等特点，其影响范围不断扩大，不确定性、复杂性进一步加大，竞争形势更加严峻。本章从关键技术自主化、治理能力现代化、交流合作国际化三个维度，探究科技安全未来发展趋向，提出科技安全体系建设路径和策略，提升支撑保障国家安全和能力现代化的水平。

10.1 以关键技术自主化为核心推进科技自立自强

高水平科技自立自强要求牢牢抓住技术自主化这个"牛鼻子"，充分调动各方积极性、主动性、创造性，有力推进发展。技术自主化路径是一个复杂而多维的过程。对于后发国家而言，通常需要历经技术引进、复制性模仿、创造性模仿等阶段，最终才能实现自主性原始创新。为实现技术自主化，需要突破关键核心技术形成核心能力，布局基础前沿领域推动科技创新，培育多层次科技创新生态系统等关键举措，这些举措不仅能抢占科技发展国际竞争制高点，还能支撑保障发展新质生产力和提升新质战斗力，夯实物质技术基础。多项举措共同作用，推动实现关键技术自主化，催生新产业、新模式、新动能，引发更深层次的科技革命与产业变革，从而驱动形成新质生产力。

10.1.1 聚焦关键核心技术攻关突破

突破关键核心技术形成核心能力，能够在全球化背景下，确保国家关键核心技术的竞争性和安全性、提高核心能力、防范化解对外依赖导致的技术风险和市场风险。打好关键核心技术攻坚战，实现关键核心技术自主可控，牢牢掌握创新主动权和发展主动权。发挥创新主导作用，以科技创新推动产业创新，加快发展新质生产力，加快推动高水平科技自立自强。面向"卡脖子"领域和重要行业的重大需求，突破关键核心技术，增强把握发展和安全主动权的能力和水平。围绕重大装备、高端芯片、生物医药等事关我国经济社会和国家安全的关键行业高质量发展，统筹部署产业链、技术链和创新链，汇聚各方力量，开展联合攻关，加快解决关键核心技术受制于人的问题。

10.1.2 聚焦基础前沿领域技术布局

基础技术和前沿技术引领力是打造全球科技强国的基础和关键要素。

布局基础前沿领域，能够提高技术自给率和技术引领性，通过主动构建新技术革命的技术窗口，强化创新链、产业链、供应链韧性与安全，在面对外部冲击时能够保持稳定和可持续发展。聚焦信息科技、数字科技、装备科技、能源科技、生物科技、绿色科技等领域，优化学科布局，推动学科交叉融合，统筹开展战略导向的体系化基础研究、前沿导向的探索性基础研究、市场导向的应用性基础研究。在面向长远发展的领域，系统部署和前瞻谋划科技创新重大攻关项目，推进颠覆性技术创新，加快推进新一代信息、生物、能源、材料等领域颠覆性技术深度交叉融合和多点突破，形成引领经济社会高质量发展和支撑保障国家安全的动力源泉。

10.1.3　聚焦优化完善科技创新体系

培育多层次科技创新生态系统，能够推动国家创新系统的建立，形成完备的产业链创新体系，打造由企业主导的创新生态系统，培育多层次相互耦合的创新生态系统。科技创新体系与科技安全体系之间相互作用、互为支撑。科技创新体系是决定科技实力的基础，也是保障科技安全的内在要求。构建协同攻关的组织运行机制，把政府、市场、社会有机结合起来，高效配置科技力量和创新资源，强化跨领域跨学科协同攻关，形成技术攻关强大合力。充分发挥国家战略科技力量的作用，建设布局重点领域的国家实验室，建设关键科技领域交叉科技创新平台，优化完善运行管理机制。发挥一流大学主力军作用，加快提升原始创新、颠覆性创新能力。突出企业在科技创新中的主体地位，促进政产学研用合作，培育一批科技领军企业。培育创新人才，完善科技人才的发现、使用、培养和激励机制，激发创新活力。加强科技安全宣传教育，增强全民科技安全意识和素养，共同筑牢科技安全底板，守牢科技安全底线。打造"基础研究+技术攻关+转化应用+科技金融+人才支撑"与产业链、创新链、技术链、价值链融合联动模式，营造良好的科技创新环境。

10.2 以治理能力现代化为目标提升科技安全保障水平

实现高水平科技安全需要现代化科技安全治理体系的支持，其中包括顶层体制机制建设、政策法规制定、风险评估与预警处置等。一个完备、高效运行的科技安全治理体系需要政府、社会、企业、高校和科研机构等多方面共同努力，多措并举开展科技安全治理，防范化解科技安全风险，为科技安全提供高质量保障，进而更好地支撑经济社会的高质量发展。

10.2.1 完善顶层战略制度机制设计

坚持系统观念，推进科技安全治理体系顶层设计，以适应新一轮科技革命和产业变革。积极应变，建立集中统一、敏捷高效的科技安全领导体制，同时强化重点领域科技安全立法保障，构建完善的科技安全工作协调机制，形成保障和维护科技安全的强大合力。以科技安全行为主体为对象，制定保障措施，促使科技要素、科技人才和科技活动等在安全状态下运行。面对科技安全影响因素和内外部新的风险挑战，应建立专门的科技安全监管机构，探索建立科技安全监测预警、风险评估与应急管理机制，开展科技安全风险评估和预警监测等工作，进一步形成完善的科技安全体系治理机制。在新技术应用方面，需做好风险防范工作，推动人工智能、无人机、自动驾驶、医疗诊断等领域的立法工作。建立新技术应用安全评估机制，形成重大技术和"卡脖子"技术清单。

10.2.2　优化科技安全保障政策供给

构建完善的科技安全政策工具体系有助于加速提升科技安全治理能力的现代化水平。随着国内外形势的不断变化，需要不断研究丰富科技安全理论，制定科学的政策体系，强化政策集成供给和效果。要加快系统性理论革新，以全球视野构建符合实践需求和人类命运共同体建设需求的科技管理理论体系，为构建新型科技安全治理体系提供坚实的理论支撑。在基础研究、技术攻关、成果转化、本土产业链建设、人才支撑、经费投入、投资审查、进出口管制、财税优惠、技术标准、知识产权保护等方面，需要不断丰富拓展政策工具供给。在政策工具选择上，各国依据国际规则惯例与自身利益关切制定"政策工具组合拳"，吸纳积极要素推动科技发展，防范消极要素、规避科技风险，以此保障本国科技安全。同时，一些发达国家和组织如欧盟、美国，通过外溢化本国政策工具等方式，试图改变外部环境，构建有利于自身发展的国际秩序和环境，以进一步强化本国、本地区的科技安全。相反，一些发展中国家如印度等，面临全球化对科技安全带来的冲击，往往会采取相对"保守"的政策工具，通过不断统筹安全与发展，循序渐进实现国家开放。

10.2.3　强化标准规则规范制定实施

加快制定科技安全相关标准、规则和规范，要充分考虑技术发展、应用场景和安全保障要求，制定完善的技术参数标准、使用环境条件标准和安全保障标准等，以促进供应链安全发展。鼓励高校积极参与国家科技伦理规范建设，加快建立适应新时代新形势的科技安全治理学科，培养政治立场坚定、复合型科技安全治理人才。鼓励科研机构完善自由探索、揭榜挂帅、快速响应、红蓝军对抗等科研管理和技术攻关规则，以防范化解技术风险。鼓励社会组织参与科技安全监督和治理，建立开放的科技安全信息共享与公共服务平台，以提高安全治理效能。引导企业制定科技安全治理制度规范，建立科技安全内部控制和风险管理体系，编制科技安全事故处理预案，并加强企业信息系统安全防护，确保科技活动合法合规，及时有效应对安全风险。另外，要建设重点领域科技安全相关测试试验和中试平台，开展新技术应用安全测试，稳妥推进新技术的应用验证和试点。

10.3　以交流合作国际化为纽带强化科技共享共治

科技安全发展离不开广泛而深入的国际科技交流与合作，这是多双边合作的重要组成部分，有助于打造具有全球竞争力的开放创新生态。我国始终坚定推进高水平开放，持续推进经济全球化朝着更加开放、包容、普惠、平衡、共赢的方向发展。科技安全是人类面临的共同挑战，需要全球共享共治。应聚焦全球治理赤字，加快推进站在国际高度的理论创新，为全球科技治理贡献智慧，为推动构建人类命运共同体创造有利条件。

10.3.1 主动参与国际科技组织建设运行

前瞻谋划和深度开展差异化、有特色的国际科技交流合作,大力构建全方位、多层次、宽领域、有重点的国际科技合作伙伴网络,主动参加或发起设立国际科技组织,积极开展多双边和区域交流合作及磋商谈判,提高规则制度制定能力、话语权和影响力。推动完善政府间科技创新与安全发展对话机制,大力推进隐私保护、科技伦理、技术治理、公共卫生、气候变化、人类健康等领域的合作。建立国际重大科技计划和重大科学工程协同攻关机制,开放共享科技基础设施和创新基地平台,支持跨国科研人员联合攻克基础科学和前沿科学问题。鼓励开展非官方科技交流合作,加大科技人员交流互访,共同开展重大科技攻关项目。多措并举推动科技安全相关国际法律体系、组织体系、学术体系、标准体系、产业体系、公共安全体系的合作。

10.3.2 积极强化国际交流合作要素支撑

国家交流合作相关制度、创新平台、人才、资金等要素是国际科技交流合作的重要保障和支撑,其能力决定着国际科技合作的质量和可持续发展水平。我国将稳步扩大规则、规制、管理、标准等制度型开放,推动各国各方共享制度型开放机遇。促进国家间科技资源顺畅循环和市场有效联动。探索面向产业科技建设科技创新合作中心和自贸试验区,加速国际投资、金融、人才和科技成果的深度融合,大力发展外向型经济集群。鼓励科技人才走出去,为不同类型的创新主体和创新人才搭建国际交流合作平台，通过设立海外科教机构、交流访学、联合项目等多种方式，提升科技合作成果质量和水平。大力吸引重点科技领域的外资进入，营造良好的投资环境，引导国内资本联合投资，实现科技合作共赢，提振内外资联动信心，提高科技安全水平。

当今世界变乱交织，百年变局加速演进，人类社会面临前所未有的挑战，然而，人类发展进步的大方向不会改变，世界历史曲折前进的大逻辑不会改变，国际社会命运与共的大趋势不会改变。纵览全球，展望未来，各国应主动适应大变局，把握发展大势，积极融入新一轮科技革命和产业变革，灵活机动、随机应变、临机决断，把握战略主动，打造共建共治共享的高水平开放合作模式。主动推进科技创新与产业创新深度融合，更好支撑保障国家安全和经济社会高质量发展。

参考文献

[1] 洪怡佳,张志. 科技创新孵化器的功能和运行机制：国际比较与中国实践[J]. 演化与创新经济学评论，2023, (02): 115-125.

[2] 韩文艳,房俊民. 科技安全背景下美欧出口管制政策机制的演变与启示[J/OL]. 情报杂志，1-11[2024-04-29].

[3] 胡芳欣,张利华. 日欧科技合作的特点及发展限度[J]. 现代国际关系, 2023, (09): 60-75,148.

[4] 杨成玉,董一凡. 欧盟绿色产业政策及其对中欧经贸关系的影响[J]. 德国研究，2023, 38 (04): 25-41,125.

[5] 肖红军,阳镇. 数字科技伦理监管的理论框架、国际比较与中国应对[J/OL]. 东北财经大学学报，1-16[2024-04-29].

[6] 刘碧波,刘罗瑞. 国家创新体系推动科技成果转化：来自以色列的经验[J]. 清华金融评论，2023, (07): 81-84.

[7] 闫坤,邓美薇. 日本科技政策体系的演变及其启示[J]. 经济导刊，2023, (07): 62-64.

[8] 何晖,杨倩倩. 印度反网络暴力现状与困境[J]. 现代世界警察，2023, (07): 60-65.

[9] 刘娅,冯高阳. 英国政府组织关键核心技术攻关的模式及其启示

[J]. 中国科技人才，2023, (03): 46-51.

[10] 史冬梅，王晶. 英国研究与创新署的运作模式及启示[J]. 世界科技研究与发展，2023, 45 (05): 606-620.

[11] 竺丽泰. 全球创新网络视域下的以色列模式研究[D]. 上海：上海师范大学，2023.

[12] 张涛，崔文波，刘硕，等. 英国国家数据安全治理：制度、机构及启示[J]. 信息资源管理学报，2022, 12 (06): 44-57.

[13] 叶浩. 日本国家知识产权战略概论[J]. 日本文论，2022, (01): 130-155,209.

[14] 高原. 尹锡悦政府网络安全政策走势与中国应对[J]. 信息安全与通信保密，2022, (10): 98-109.

[15] 方艺润. 以色列：加强国际人才交流，建设创新强国之路[J]. 国际人才交流，2022, (10): 63-64.

[16] 徐然. 以色列技术转移机构运行模式及其对中国的启示[J]. 科技和产业，2022, 22 (09): 87-91.

[17] 任孝平，迟婧茹，孟繁超，等. 以色列引进、培养和使用国际科技人才的经验及启示[J]. 全球科技经济瞭望，2022, 37 (08): 47-53.

[18] 陈海盛，沈满洪. 以色列创新生态系统的特征及其启示[J]. 演化与创新经济学评论，2022, (01): 112-120.

[19] 卓华，王明进. 技术地缘政治驱动的欧盟"开放性战略自主"科技政策[J]. 国际展望，2022, 14 (04): 39-61, 154-155.

[20] 华佳凡. 印度网络安全体系建设[J]. 信息安全与通信保密，2022, (06): 21-31.

[21] 姜云飞. 欧盟竞争政策"外溢化"趋势及其对中欧合作的影响[J]. 当代世界与社会主义，2022, (02): 160-167.

[22] 彭斯震，李向宾. 以色列科技创新战略新动向和新举措研究[J].

全球科技经济瞭望，2022, 37 (03): 8-11.

[23] 周輖. 以色列：科技创新助力产业发展[J]. 福建市场监督管理，2022, (01): 57.

[24] 李研. "框架化"——观察欧盟科技政策的一个重要视角[J]. 科学学研究，2021, 39 (09): 1604-1612..

[25] 李眸梦. 以色列科研管理体系的演变及其特征[J]. 阿拉伯世界研究，2021, (04): 101-118, 159-160.

[26] 郭凯翔，李代天，滕颖. 以色列科技创新优势及中以合作建议[J]. 科技中国，2021, (06): 25-28.

[27] 李峥. 全球新一轮技术民族主义及其影响[J]. 现代国际关系，2021, (03): 31-39, 64.

[28] 余南平，戢仕铭. 技术民族主义对全球价值链的影响分析——以全球半导体产业为例[J]. 国际展望，2021, 13 (01): 67-87, 155-156.

[29] 董洁，孟潇，张素娟，等. 以色列科技创新体系对中国创新发展的启示[J]. 科技管理研究，2020, 40 (24): 1-12.

[30] 胡爱迪. 印度世界一流大学建设最新计划——"卓越大学计划"述评[J]. 决策探索(下)，2020, (08): 81-82.

[31] 陈若鸿. 欧盟《外国直接投资审查框架条例》评析[J]. 国际论坛，2020, 22 (01): 129-141, 160.

[32] 廖凡. 欧盟外资安全审查制度的新发展及我国的应对[J]. 法商研究，2019, 36 (04): 182-192.

[33] 张怀岭. 欧盟双轨制外资安全审查改革：理念、制度与挑战[J]. 德国研究，2019, 34 (02): 69-87, 158-159.

[34] 王金花. 德国政府资助科研项目成果归属及收益分配浅析[J]. 全球科技经济瞭望，2018, 33 (09): 36-41.

[35] 李丹. 韩国科技创新体制机制的发展与启示[J]. 世界科技研究与

发展，2018, 40 (04): 399-413.

[36] 李友轩，赵勇. "黄禹锡事件"后韩国科研诚信的治理特征与启示[J]. 科学与社会，2018, 8 (02): 10-24.

[37] 余成峰. 分裂的法律：探寻印度知识产权谜题[J]. 学海，2018, (03): 168-175.

[38] 韩凤芹，景婉博. 以体制改革推动科技创新——韩国的实践与启示[J]. 经济研究参考，2017, (27): 26-33, 44.

[39] 冯丹阳，张文霞. 试论日本的科研伦理治理体系[J]. 中国科技论坛，2016, (09): 135-141.

[40] 任智军，乔晓东，张江涛. 新兴技术发现模型研究[J]. 现代图书情报技术，2016, (Z1): 60-69.

[41] 胡红亮，郭燕燕，封颖. 印度科技创新人才的培养和吸引政策研究[J]. 全球科技经济瞭望，2016, 31 (07): 57-65.

[42] 任佳，邱信丰. 印度工业政策的演变及其对制造业发展的影响[J]. 南亚研究，2014, (02): 106-121, 159-160.

[43] 刘海波，肖尤丹，靳宗振. 日本科技法制与我国借鉴[J]. 中国软科学，2013, (08): 26-33.

[44] 曹红英，王洋. 欧盟竞争政策值得中国借鉴[J]. 中国对外贸易，2008, (11): 82-84.

[45] 李晔梦. 以色列科研体系的演变[M]. 北京：社会科学文献出版社，2021.

[46] 张家年，马费成. 科技安全的分析模型及其核心要素表征[J]. 中国科技论坛，2020, (05): 32-40.

[47] 孙德梅，吴丰，陈伟. 我国科技安全影响因素实证分析[J]. 科技进步与对策，2017, 34 (22): 107-114.

[48] 马维野. 科技安全：定义、内涵和外延[J]. 国际技术经济研究，

1999, (02): 14-18.

[49] 连燕华, 马维野. 科技安全:国家安全的新概念[J]. 科学学与科学技术管理, 1998, (11): 20-22.

[50] 宋艳飞, 张瑶. 美国人工智能战略政策新动向及特点分析[J]. 人工智能, 2024, (02): 70-78.

[51] 宋艳飞, 冯园园, 王睿哲, 等. 产融合作与中小企业数字化转型协同发展模式与路径研究[J]. 新型工业化, 2024, 14 (03): 51-56, 63.

[52] 宋艳飞, 樊伟. 生成式人工智能对网络安全的影响分析[J]. 工业信息安全, 2024, (01): 85-91.

[53] 宋艳飞, 张瑶, 樊伟. 生成式人工智能安全风险治理研究[J]. 电子知识产权, 2024, (03): 46-58.

[54] 宋艳飞, 樊伟, 冯园园. 从国防工业视角研究美国网络安全战略演进特点[J]. 国防科技工业, 2024, (05): 58-60.

[55] 孙佳琪, 宋艳飞, 王睿哲. 片间光电融合技术分析[J]. 中国集成电路, 2024, 33(05): 19-23+45.

[56] 沈志宇, 李自力, 钟华, 等. 国家科技安全战略思考[J]. 中国军事科学, 2007,20(6):79-90

[57] European Commission. Action Plan on Synergies between Civil, Defence and Space Industries[R/OL].2024.

[58] European Commission. Council Regulation (EC) No 428 / 2009 of 5 May 2009 Setting up A Community Regime for the Control of Exports, Transfer, Brokering and Transit of Dual-use Items[EB/ OL].2023.

[59] National Academies of Sciences, Engineering, and Medicine. Finding Common Ground: U.S. Export Controls in A Changed Global Environment [EB/OL].2023.

[60] Congressional Research Service. The Export Administration Act:

Evolution, Provisions, and Debate[EB/OL].2023.

[61] Bureau of Industry and Security. Export Administration Regulations (EAR)[EB/ OL].2023.

[62] Graham A, Kevin K, Karina B, et al. The Great Tech Rivalry: China VS the U.S.[EB/OL]. Belfer Center for Science and International Affairs, December 2021.

[63] Nishant R. A Study of Impact of Make in India Campaign on the Indian Economy[J]. International Journal of Economics and Management Studies, 2020. Vol 7: 88-91.

[64] Ram G. Whither the Make in India Policy for Promoting India Manufacturing Industry[J]. Global Strategic Studies Institute Monthly Report, 2020.

[65] Heinelt H, Münch S. Handbook of European Policies: Interpretive Approaches to the EU[C]. Cheltenham: Edward Elgar Publishing, 2019: 241, 242.

[66] Ivan N, Bokachev. National Innovation System of India: Genesis and Key Performance Indicators[J]. RUDN Journal of Economics, 2019 Vol 27 No 4: 774-785.

[67] Arad, Ran. The Israeli Innovation Landscape and the Role of The OCS[J]. EEN Spain Annual Conference, June 26, 2015.

[68] Barell, Ari. The Failure to Formulate a National Science Policy: Israel's Scientific Council, 1948-1959[J]. Journal of Israeli History: Politics, Society, Culture, 2014 Vol 33 No 1.

[69] Cohen, Erez, Joseph G, et al. The Office of the Chief Scientist and the Financing of High Tech Research & Development, 2000 -2010[J]. Israel Affairs, 2012 Vol 12 No 2.

[70] Tenzin N, Naresh S, Namesh K. Analyzing India's Science and Technology Policy – A Comparative Perspective[J]. Jindal Journal of Public Policy, 2022 Vol 6.

[71] Alice P. Europe in the Geopolitics of Technology: Connecting the Internal and External Dimensions[R/OL]. Briefings, French Institute of International Relations, April 9, 2021.